AF297589

LE FOND DES MERS

ÉTUDES LITHOLOGIQUES.

Lithologie du fond des mers, par M. Delesse, ingénieur
en chef des mines, professeur à l'École des mines et à
l'École normale,

Par M. Alexis DELAIRE,

Ancien Élève de l'École polytechnique, Secrétaire de la Société géologique de France.

(Extrait des *Annales du Conservatoire*.)

Lentement constituées au sein des mers, puis émergées par
des mouvements séculaires, la plupart des couches variées qui
forment nos continents sont l'ouvrage des eaux, et la Terre est
vraiment la fille de l'Océan. Mais les forces de la nature ne se
reposent jamais. Miné et attaqué par les vagues sur le pourtour
des rivages, le sol exondé subit, sur les montagnes comme sur
les plaines, une incessante destruction. Les vapeurs et les nuées
que le soleil enlève aux mers équatoriales se condensent dans les
parties froides de l'atmosphère. Elles retombent en pluie ou en
neige et, coulant sur le sol, elles le corrodent et le dénudent, en
charriant sans relâche de nouveaux matériaux qui vont s'accumuler à leur tour dans les bassins océaniques.

Voir à l'œuvre ces agents qui, sans se lasser, détruisent ainsi
pour reconstruire; scruter la composition minéralogique des
dépôts sous-marins ou littoraux; connaître les lois de leur distribution au fond des mers et chercher quel rôle la vie elle-
même joue dans les profondeurs d'où elle nous semblait exclue;
déduire enfin de ces observations, au sujet de la constitution des
couches anciennes et des déformations qu'elles ont subies, quelques conséquences qui permettent de mieux interpréter les faits
que leur étude révèle, tel est le but que nous nous proposons.
Les travaux de nos ports ou des embouchures de nos fleuves ont

plus d'une fois déjà fait sentir la nécessité de ce genre de recherches. Celles-ci ont pris d'ailleurs une importance nouvelle depuis les grands sondages qu'a exigés la pose des télégraphes sous-marins. Elles ont donc, indépendamment de leur attrait scientifique, un intérêt pratique de premier ordre. Aussi doit-on remercier M. l'ingénieur en chef Delesse d'avoir appliqué, pendant de longues années, à l'examen lithologique du fond des mers le soin minutieux, la sûreté de jugement et la rigueur de méthode dont il avait déjà donné des preuves éminentes dans ses précédents travaux. Nous chercherons à exposer ici les résultats auxquels il est parvenu et que ses investigations enrichissent chaque jour de quelque complément nouveau.

Nous examinerons d'abord, à l'aide d'exemples choisis sur nos côtes, l'origine, la nature et la répartition des dépôts. Nous appliquerons ensuite ces notions générales à l'étude des mers actuelles dans l'Ancien et le Nouveau-Monde. Nous tâcherons ensuite d'esquisser la géographie de la France aux diverses époques géologiques, et d'apprécier les déformations qu'ont subies, depuis leur dépôt sur notre sol, les anciennes formations marines; enfin, nous résumerons brièvement les conclusions générales que suggèrent ces études.

I

L'ORIGINE ET LA RÉPARTITION DES DÉPOTS MARINS.

1. *Traits généraux du relief sous-marin.* — Les montagnes et les vallées qui accidentent nos continents se prolongent sous l'océan, et leurs formes peuvent être figurées sur nos cartes par des courbes de niveau, comme le relief du sol émergé. A l'aide des sondages dont les résultats sont consignés sur les cartes hydrographiques, M. Delesse a tracé ces courbes de niveau pour les mers principales du globe. On reconnaît, à leur inspection, que les dislocations de l'écorce terrestre ont affecté le fond de l'océan non moins que les continents; les chaînes de montagnes, comme les Alpes et les Pyrénées, s'y font sentir aussi bien que les val-

lées de fractures, comme la fosse du Cap-Breton, dans le golfe de Gascogne. Les grands bassins océaniques, l'Atlantique et le Pacifique, semblent, au surplus, les premières dépressions qui aient accidenté l'écorce au moment de sa consolidation primitive. Les dislocations postérieures, ainsi que les phénomènes éruptifs sous-marins, ont amené le déplacement violent des eaux et provoqué d'immenses ravinements accompagnés d'un transport de matériaux. Mais, en outre, une double action d'érosion s'exécute sans cesse. La plus active a lieu près de la surface, entre la basse et la haute mer; et les vagues, soulevées par les vents et les marées, en sont les agents. Il en résulte des terrasses qui bordent la plupart des continents et des îles; comme le remarque M. Delesse, ces terrasses sont d'autant plus étendues qu'elles ont une origine plus ancienne. Ainsi elles forment des soubassements très-nets autour des terrains paléozoïques de la Bretagne et de l'Irlande, de la Nouvelle-Écosse et de Terre-Neuve; elles sont au contraire très-étroites sur les terrains secondaires ou nummulitiques, au pied des Pyrénées et surtout des Alpes.

Les courants sous-marins, principalement les courants permanents, en relation avec les vents dominants, produisent des érosions beaucoup moins énergiques, mais réparties sur de vastes surfaces. Souvent ils provoquent aussi la formation de collines de sable, parfois alignées; telles sont notamment celles qui se trouvent dans le Pas-de-Calais et dans la mer du Nord. Enfin, la nature des roches exerce naturellement ici une influence importante. Les côtes composées d'éléments meubles, faciles à désagréger, à délayer ou à dissoudre, sont largement échancrées ou découpées par des golfes : telles sont les argiles wealdiennes et les marnes jurassiques de l'Aunis, les argiles et la craie de Normandie. Au contraire, les roches résistantes, comme les granites, donnent lieu à des promontoires (Bretagne, Cotentin...).

Une coupe faite normalement à une côte et suffisamment prolongée montre en général une pente moindre sur le continent que sous la mer, quoiqu'à la vérité les terrasses très-développées puissent masquer ce résultat. On s'explique aisément l'accroissement de la pente, puisque, d'une part, la profondeur moyenne des mers surpasse la hauteur des montagnes les plus élevées, et que, de l'autre, les dénudations produites à la surface des continents par les variations de température de l'atmosphère, par la pluie, les neiges et les eaux courantes, sont incomparablement plus énergiques que les érosions exercées par la mer sur son propre fond [1]. Cette même différence dans les actions d'érosion fait comprendre l'atténuation des reliefs sur le fond des océans. Tandis que l'atmosphère et les eaux météoriques tendent à exagérer les accidents de la surface terrestre, les eaux de la mer n'attaquent que faiblement leur bassin, et, de plus, tous les matériaux enlevés aux continents par les rivières ou par les vagues sont charriés dans l'océan et vont en combler les abîmes. La vase, qui se rend dans les profondeurs, représente le principal dépôt; et l'étude des terrains anciens montre qu'elle a toujours prédominé dans les formations marines. Les sables s'accumulent en remblais gigantesques aux abords des côtes. Il est donc naturel que les courbes horizontales, dont les contours dessinent le modelé du fond des mers, soient plus simples que celles du sol émergé : elles indiquent en général de vastes bassins peu ondulés ; c'est seulement au pied des grandes chaînes qu'elles accusent, par leurs sinuosités rapprochées, des accidents prononcés de relief.

II. *Agents principaux qui produisent les dépôts marins.* — Ainsi, tandis qu'en certains points les érosions dégradent les fonds de mer, soit pour mettre le roc à vif, soit pour déplacer d'anciens matériaux meubles, sur d'autres points s'accumulent des dépôts. Ceux-ci peuvent être chimiques, mécaniques ou organiques. Parmi les agents qui les produisent, les uns sont extérieurs à l'écorce terrestre, comme l'atmosphère, les eaux douces et les eaux marines; les autres sont intérieurs, comme les eaux souterraines, les éruptions et les dislocations. Précisons en quelques mots l'action de chacun d'eux.

Agents extérieurs. — L'atmosphère, par ses intempéries,

1. Dans les régions tropicales notamment, l'abondance des pluies, leur violence et leur inégale répartition, suivant les saisons, rendent irrésistibles leurs effets destructifs. Dans l'Himalaya de Sikkim, des ravins de 2000 à 5000 mètres ont été creusés par les eaux. Les côtes, au contraire, sont protégées contre les vagues par une épaisse bordure d'alluvions. (*Revue de Géologie*, t. X, 1874, p. 200.)

provoque la destruction du sol émergé, notamment des pentes montagneuses et des falaises. Les vents soulèvent les sables en dunes, transportent des poussières et déterminent des courants dans la mer. Les vapeurs, suspendues dans l'air chaud, condensées par le refroidissement, alimentent, à la surface, les glaciers, les sources et les rivières, tandis qu'une partie de la pluie, pénétrant dans la profondeur, y circule en nappes souterraines. — Les rivières rongent sans cesse leur lit, souvent fort inégalement, sur les deux rives. Elles charrient leurs alluvions avec une puissance de transport qui décroît avec la vitesse; ainsi, elles déplacent les blocs en temps de crue; les cailloux cheminent sur le fond en rides ondulées; le sable est entraîné même pendant l'étiage; enfin, les limons ténus sont emportés jusqu'à la mer [1]. La nature minéralogique de ces matériaux qui vont grossir les dépôts sous-marins, dépend nécessairement des roches du bassin hydrographique, et surtout des plus voisines. Au surplus, les alluvions, anguleuses et grossières en amont, varient sur un même point à l'étiage ou en grandes eaux. Le quartz hyalin est de beaucoup le minéral le plus abondant; puis viennent le silex, la meulière et les autres variétés de la silice; l'argile provenant de la décomposition des feldspaths; enfin, le carbonate de chaux, qui peut être assez rare même dans un bassin contenant des roches calcaires, et qui fait d'ailleurs complétement défaut dans un bassin granitique. Comme minéraux relativement exceptionnels, on rencontre, dans les dépôts de rivières, les micas, le fer oxydulé, le grenat, le péridot, l'amphibole, le pyroxène, et parfois même le zircon, le corindon et l'or. Sur un bassin calcaire, le carbonate de chaux est en proportion notable, à moins que, trop fortement trituré, il ne soit emporté avec les limons ténus. Quelquefois aussi cet élément est introduit par des sources incrustantes qui sourdent dans le lit du cours d'eau. La lutte de la rivière et de la mer provoque, aux embouchures, la formation de barres ou de deltas sur les côtes plates et les mers tranquilles, tandis que, sur les rivages escarpés ou les mers agitées, il s'élève à peine quelques

1. Les effets variables des cours d'eau sur les sols perméables ou imperméables, et les lois de l'alluvionnement ont été étudiés ici même, pour une région spéciale, d'après les beaux travaux de M. Belgrand. Voir t. IX, n° 33, *Les Phénomènes diluviens dans le bassin de la Seine*, et t. X, n° 38, *l'Hydrologie du bassin de la Seine*.

bancs de sable. Aussi les grands ports sont-ils d'ordinaire placés
soit au pied des côtes montagneuses (Toulon, Cherbourg, Gênes),
soit, mieux encore, aux embouchures des fleuves, pourvu que
la marée en déblaye sans cesse les abords (Bordeaux, le Havre,
Liverpool, New-York). Les eaux douces constituent en outre des
lacs, et, mélangées avec des eaux marines, des étangs littoraux.
Les dépôts qui y prennent naissance varient nécessairement avec
les roches des rives et les apports des cours d'eau; ils peuvent
s'accumuler en pentes inclinées sur les rivages abrupts. Les mollusques n'y sont abondants que si le sol de la région peut fournir
du carbonate de chaux; cependant l'intervention de la marée
amène, le long du littoral, une plus forte proportion de cet élément
des faunes lacustres et marines. — La mer joue naturellement
le premier rôle dans la production des dépôts marins. Les eaux,
par leur grande densité, leur salure et les violentes impulsions
qui les animent, exercent de puissantes érosions. Les vagues
assaillent le rivage, déferlent en tourbillons ou se brisent dans
la profondeur en produisant des flots de fond. Leur force de
déplacement diminue rapidement au-dessous de la surface :
aussi les galets s'accumulent au niveau supérieur des marées,
tandis que les débris fins sont entraînés au large, d'autant plus
loin qu'ils sont plus ténus. La distribution générale de la température et ses variations périodiques, jointes aux vents dominants
et à la configuration des côtes, notamment les différences de
température et de densité entre les eaux des régions polaires et
celles des régions équatoriales, engendrent des courants permanents, périodiques ou accidentels. Bien qu'ils ne déplacent que
des matériaux fins, ils sont d'une extrême importance par l'extension de leurs effets. Ils peuvent être comparés à des fleuves
qui traversent les mers et, malgré leur vitesse, remanient leur
lit, tantôt décapant les fonds, tantôt les recouvrant de dépôts
meubles, détachés des côtes équatoriales par les vagues ou arrachés aux terres polaires par les glaces. Ils ont peu d'action sur
les atterrissements littoraux, qui sont surtout réglés par les vents,
par les marées, par les apports charriés sur le fond des fleuves et
des cours d'eau; mais ils contribuent spécialement aux formations pélasgiques et leur donnent une constance remarquable sur
de vastes étendues.

    Agents intérieurs. — Les eaux météoriques ne s'écou-

lent pas toutes à la surface : une part considérable filtre à travers le sol émergé et se rend souterrainement dans le bassin
des mers. Ces eaux, venues de l'intérieur de la terre, apportent aussi leur tribut aux dépôts, et surtout elles provoquent,
en raison de leur température, des effets chimiques tant sur
leur parcours qu'à leur point d'émergence. Telle est souvent
l'origine des dolomies, des gypses, des amas de sel gemme
ou des tufs calcaires. Le carbonate de chaux, contenu dans les
eaux, peut se précipiter soit par concentration, soit surtout par
refroidissement. Ainsi les courants superficiels venus de l'équa-
teur sont refroidis par les contre-courants polaires inférieurs et
perdent leur carbonate de chaux. Cette précipitation s'opère fréquemment dans les profondeurs, puisque les eaux y sont à la fois
plus salées et plus froides. Elle est encore favorisée mécanique-
ment par le dépôt de la vase qui, en se précipitant sur le fond,
entraîne avec elle le carbonate de chaux. — L'étude géologique
des terrains montre souvent des assises entièrement composées
de matériaux rejetés de l'intérieur de la terre, remaniés par les
eaux, puis épanchés au loin par les courants. Tel est le cas pour
tous les tufs basaltiques ou trachytiques et les couches de cen-
dres ou de ponces volcaniques. Dans les mers actuelles, ces phénomènes, essentiellement locaux, sont assez rares; mais ils
donnent lieu à des dépôts nettement distincts et toujours intéressants, qui acquièrent de l'importance dans les régions volcaniques, surtout lorsqu'il existe, comme dans les mers de la
Sonde, des volcans sous-marins. Notons en passant que les argiles
éruptives paraissent le plus souvent dénuées de carbonate de
chaux, tandis que les débris coquilliers en introduisent une proportion notable dans les argiles sédimentaires. — Enfin, les
grands mouvements provoqués dans l'écorce terrestre par les
tremblements de terre, les éruptions ou le soulèvement des
montagnes font sentir leur effet dans les bassins océaniques, soit
par la trépidation ou la dislocation des parois, soit par l'agitation
soudaine des eaux. Le surgissement des grandes chaînes a provoqué, pendant les périodes anciennes, une immense accumulation de débris, un reflux des eaux souterraines sur les continents,
et le déplacement brusque d'énormes flots diluviens.

Les êtres vivants apportent aussi leur contingent aux dépôts
sous-marins. D'abord ils concourent activement à détruire même

les granites les plus résistants. En outre, ils élaborent le calcaire qui se retrouve dans leurs dépouilles, parfois si abondantes : coquilles brisées, amas de foraminifères, bancs d'huîtres, récifs de polypiers ; ces derniers, par leurs atolls, constituent dans l'Océan des archipels entiers. Quant à la silice, elle provient des spicules d'éponges et des carapaces des diatomées ou des polycistinées, petits êtres infiniment variés dans leurs formes étranges. Les débris d'algues et de plantes marines fournissent aussi leur apport de matières minérales, notamment les nullipores, si riches en calcaire. Enfin, les ossements des vertébrés marins et terrestres, beaucoup plus rarement conservés, peuvent introduire des phosphates ; tandis que les végétaux, dans des conditions favorables, se transformeront en couches charbonneuses.

III. *Nature minéralogique et répartition des dépôts.* — La répartition des dépôts varie nécessairement avec leur nature. C'est seulement près du rivage, là où l'agitation des eaux est le plus énergique, que se rencontrent les galets et les graviers, mélangés de coquilles : ce sont essentiellement des dépôts mécaniques et organiques. Les débris microscopiques, de beaucoup les plus abondants, s'accumulent au contraire dans les profondeurs et s'étalent, par l'effet des courants, sur des surfaces considérables. C'est aussi dans les grands fonds que se produisent surtout les dépôts chimiques.

Tous les agents dont nous venons d'énumérer rapidement les influences sont extrêmement complexes et irréguliers : les courants et les vents, les tremblements de terre et les éruptions, la répartition inégale des mollusques sur les divers fonds... Il n'est donc pas étonnant que les dépôts varient d'un point à un autre. Néanmoins, ce qui frappe plutôt dans l'étude minéralogique du fond des mers, c'est la constance des formations sur de vastes étendues. Sur un même point cependant, diverses causes tendent à produire des variations. D'abord le dépôt littoral, formé à marée haute, diffère de celui de marée basse. Le premier a des éléments plus gros, moins triturés, moins uniformes ; il est étroit et change suivant les détails mêmes de la côte. Le second est bien plus constant, quoique les grandes marées, et surtout les marées d'équinoxe, y amènent aussi des modifications. Les courants et

les vents, par leurs changements aux diverses saisons, contribuent aux mêmes effets. La plupart de ces causes de perturba-
tion sont, on le voit, soumises à une certaine périodicité qui
ramène dans les dépôts des alternances répétées. Il en a été de
même durant les périodes anciennes, et, à une même époque
géologique, on voit souvent sur un même point des couches
argileuses alternant périodiquement et à intervalles égaux avec
des couches calcaires; quelquefois les changements dans la nature minéralogique des couches s'accusent par des lits de graviers et de galets et la faune se renouvelle en même temps. Ces
variations, qui se sont succédé sans doute à des intervalles
immenses, paraissent elles-mêmes périodiques. Les dépôts des
grands fonds sont beaucoup moins affectés par ces diverses
causes.

Non-seulement les dépôts de marée haute et de marée basse
diffèrent habituellement par leur structure physique, le premier
étant en général plus grossier que le second, mais ils se distinguent parfois aussi sous le rapport minéralogique. A la vérité,
ils empruntent l'un et l'autre leurs éléments aux roches du
bassin hydrographique ou de la côte qui le délimite; et l'inspection de la carte géologique d'une région permet de prévoir la
composition des dépôts littoraux de ses rivages. Néanmoins celui
de la marée haute se distingue souvent par une teinte ocreuse
qui provient d'une légère oxydation. En outre la trituration, que
les vagues ne produisent énergiquement qu'à leur niveau supérieur, tend à entraîner les matériaux tendres et à faire prédo-
miner, dans les laisses de basse-mer, les éléments les plus résistants. Tel est, par exemple, le quartz hyalin : ainsi, sur les côtes
de Normandie, le cordon littoral est composé de galets provenant des silex de la craie, tandis que plus profondément on rencontre un sable où le quartz hyalin l'emporte même sur le silex.
Il en est de même sur la plage de Bayonne pour le quartz hyalin
et la lydienne, et *a fortiori* sur les côtes granitiques de la Bretagne et du Cotentin, où le quartz hyalin est associé au feldspath.
Avec le calcaire qui est une roche très-tendre, la différence serait
encore plus marquée; toutefois, comme le carbonate de chaux
ne provient pas seulement du rivage, mais qu'il est surtout fourni
par les mollusques très-abondants près du littoral, sa proportion
augmente le plus souvent dans le dépôt de marée basse. Le tableau

suivant résume à cet égard les nombreux résultats obtenus par MM. Delesse et Besnou.

LOCALITÉS.	CARBONATE DE CHAUX.	
	Marée haute.	Marée basse.
Saint-Nazaire, à la Ville Martin	1.82	5.22
Belle-Isle, pointe des Poulains	15,40	68.50
Id. le Palais	42.10	45,40
Presqu'île de Toulinguet, Noquegou	65.00	80.50
Baie de Bertheaume	26.18	29.80
Moulin de la Rive	49.61	59.75
Équerdreville, près Cherbourg	4.75	21.60
Le Havre, près du monument du cap la Hève	5.56	10.22
Étaples	3.77	9.85
Cap Grisnez	4.00	6.72
Arcachon	0.27	0.23
Saint-Nazaire, à Penhoët	4.99	4.81
Ile de Siec	69.63	59.61
Trouville, à l'ouest de la jetée	53.80	26.45
Boulogne-sur-Mer, à l'embouchure de la Liane	4.31	8.77

La différence en faveur du dépôt de marée basse s'accuse et sur les côtes granitiques de la Bretagne, où le calcaire a une origine organique, et sur les rivages crayeux de la Normandie, où le dépôt de marée haute ne saurait retenir la roche trop friable. Mais il peut arriver, d'après la nature du calcaire ou la disposition des falaises, que le dépôt de marée haute, formé près des escarpements, conserve une forte proportion de carbonate de chaux. C'est ce que montrent les plages de Saint-Jean-de-Luz, de Biarritz, de Trouville et du Bas-Boulonnais. Le même effet est dû quelquefois à une accumulation exceptionnelle, vers le niveau de la haute mer, de mollusques ou de végétaux incrustés de calcaire : ainsi, des nullipores sont émergés sur quelques points du littoral breton, et des bancs coquilliers sont relevés à l'embouchure de la Canche.

Puisque le carbonate de chaux augmente en général dans la profondeur, il est naturel que les dépôts des vives eaux en contiennent plus que ceux des mortes eaux, car les grandes marées se meuvent entre des limites plus étendues.

LOCALITÉS.	CARACTÈRES DU DÉPOT LITTORAL.	CARBONATE DE CHAUX.	
		Mortes eaux.	Vives eaux.
Boulogne...	Sable quartzeux, avec glauconie et coquilles.	4.1	7.3
Saint-Valery, en face le mât des signaux.	Sable quartzeux, avec glauconie et coquilles.	6,4	9,3
Calais.	Sable quartzeux, avec glauconie, silex, mica argenté et coquilles..	7.7	8.9
Dunkerque, à 500ᵐ à l'est du port.	Sable gris jaunâtre, avec silex, glauconie, mica argenté.........	6.4	12.9
Dunkerque, à 1ᵏ à l'ouest du port.	Sable gris verdâtre, avec silex et glauconie..................	12.6	11.9

IV. *Exemples de dépôts littoraux.* — Sans entrer dans l'étude minutieuse des dépôts du littoral, il n'est pas sans intérêt de justifier les considérations précédentes par quelques exemples choisis sur nos côtes et faciles à contrôler.

Méditerranée. — A l'embouchure du Var, la plage est formée de galets provenant des poudingues du terrain tertiaire supérieur; quant au gravier littoral, il est constitué surtout par des calcaires bleus néocomiens et par des calcaires blancs, compactes, associés à des minéraux accidentels :

    Calcaire argileux, noir bleuâtre................. 47.3
    Calcaire gris ou blanchâtre..................... 15.2
    Dolomie caverneuse............................. 2,2
    Grès gris, blanc ou violacé..................... 2.2
    Grès quartzeux et feldspathique................ 8.3
    Quartz hyalin. 2.2
    Quartz jaune ou rouge violâtre................. 2.5
    Protogine et débris granitiques................ 15.1
    Porphyre quartzifère vert brunâtre............. 2.3
    Schiste micacé grisâtre........................ 2.1
                                                    ————
                                                    99.4

Entre Saint-Nazaire et Marseille, au pied des calcaires jurassiques ou crétacés qui forment la côte, le carbonate de chaux entre pour moitié dans le dépôt ; le reste se compose de quartz hyalin, de silex et de mica argenté. Le massif granitique des Pyrénées donne aux dépôts de son voisinage une composition qui accuse nettement leur origine :

Anse Perefite :

Quartz hyalin en grains anguleux.......................... 31.1
Quartz hyalin gris ou noir, en grains arrondis............. 44.4
Micaschiste gris avec paillettes de séricite, en grains roulés. 8.3
Schiste micacé quartzeux, gris-verdâtre, argenté, en pla-
    quettes arrondies...................................... 1.7
Schiste feldspathique et micacé, gris verdâtre............. 5.7
Gneiss blanc grisâtre, en grains arrondis. 8.2
Débris de coquilles...................................... 0.6
                                                             ————
                                                             100.0

Là, comme au pied de l'Esterel, on peut vérifier, par la faible proportion de feldspath, combien ce minéral disparaît facilement par la trituration et l'usure des débris.

Océan. — Nous constaterons sur les rivages de l'Océan la même relation entre le dépôt littoral, les roches de la côte et les graviers des cours d'eau du bassin. Le sable blanc-jaunâtre de Biarritz est essentiellement formé de quartz hyalin et de quartzite noir (lydienne) provenant des crêtes des Pyrénées. Ici, malgré le voisinage des falaises calcaires, le dépôt est très-pauvre en carbonate de chaux, parce que les vagues, bien plus violentes que dans la Méditerranée, usent promptement tous les matériaux friables et en entraînent tous les débris fins. Le dépôt des Landes est un sable quartzeux avec quelques fragments d'*alios* [1] et d'argilite, associés à des roches pyrénéennes. Ce sont les éléments mêmes du terrain pliocène que les vagues désagrègent très-rapidement. Sur les côtes de l'Aunis, les roches calcaires, crétacées ou jurassiques, les argiles du lias, les marnes oxfordiennes ou

1. L'*alios* est un grès quartzeux brun noirâtre, cimenté par les matières organiques, quelquefois chargées d'hydroxyde de fer, qui ont filtré à travers la couche perméable ; il forme une assise continue à quelques décimètres au-dessous de la surface. C'est, d'après M. Faye (Académie des Sciences, 25 juillet 1870), le dépôt d'étiage de la nappe souterraine qui, après avoir imbibé la masse des sables pendant l'hiver, s'abaisse à la profondeur d'un mètre environ en temps de sécheresse.

kimméridiennes, forment un dépôt spécial, la *terre de Bri*. C'est
une marne très-sableuse avec des grains de quartz, de l'argile
verte ou grise et des débris de mollusques. Aux Sables-d'Olonne,
on retrouve les éléments granitiques.

Sable, essentiellement quartzeux, qui a passé à travers le tamis.	86.50
Quartz hyalin grisâtre	0.75
Quartz opaque brun jaunâtre.	3.80
Gneiss, quartz et orthose	3.95
Micaschiste gris à mica argenté	3.95
Coquilles brisées.	1.05
	100.00

(Partie restée sur le tamis.)

Le dépôt formé par la mer sur les côtes de Bretagne, emprun-
tant ses éléments aux schistes cristallins ou aux terrains granitiques, contient en majeure partie du quartz hyalin. (Voir ci-des-
sous *a*.) Souvent le feldspath orthose est associé au quartz en
proportion suffisante pour former une arkose (*b*); ailleurs, au
contraire, surtout près des rivières dont le bassin est schisteux,
la vase prédomine (*c*). Enfin, bien que toutes les roches de la presqu'île Armoricaine soient très-pauvres en carbonate de chaux, les
mollusques et les végétaux (nullipores) qui pullulent sur leurs
prolongements sous-marins, donnent, en beaucoup de points,
des dépôts qui constituent de riches amendements calcaires,
nommés tantôt *traëz* ou *tangue* (arène ou marne coquillière),
tantôt *maërl* (débris de végétaux encroûtés de calcaire) (*c*).

a. — Baie de Bourgneuf; Le Sableau, près de Noirmoutiers.

Quartz hyalin gris, avec quelques grains de quartz opaque coloré.	71.1
Débris de gneiss (feldspath rose et blanc, quartz hyalin, micas).	19.4
Mica blanc argenté et mica tombac	1.0
Coquilles brisées	7.6
Partie soluble dans l'acide chlorhydrique	0.9
	100.0

b. — Hoëdic.

Quartz hyalin grisâtre en grains anguleux	42.2
Débris granitiques : orthose blanc nacré, quartz grisâtre, mica en paillettes	47.8
Mica blanc argenté et paillettes noirâtres	0.2
Coquilles	10.0
	100.2

c. — Belle-Isle; le Palais.

	Sable surtout quartzeux passant sur le tamis................	27.0
	Quartz hyalin grisâtre.......................	12.1
Partie restée	Quartz hyalin gris brunâtre....................	0.9
sur	Schiste micacé gris verdâtre, avec séricite........	12.1
le tamis.	Coquilles brisées...........................	4.9
	Maërl jaune clair et grisâtre..................	43.0
		100.0

Le maërl est exploité sur une grande échelle à Morlaix; et, dans la baie de Cancale, on enlève annuellement 500,000 mètres cubes de tangue, contenant 50 pour 100 de carbonate de chaux.

Les mêmes remarques s'appliqueraient aux dépôts du Cotentin. Dans la vaste baie que les érosions de la Seine et l'effort des marées ont ouverte entre Barfleur et Étretat, la côte est formée de terrains secondaires. Le calcaire domine de Valogne à Honfleur, et les dépôts sont tous fort riches en carbonate de chaux. La Seine s'engorge par des atterrissements rapides de sables vaseux. On peut en juger par l'exemple de deux villes dont les ports sont depuis longtemps livrés à la culture : Lillebonne, l'ancienne station des flottes romaines, et Harfleur, si florissante sous Charles V, déjà ensablée sous François 1er. Ces effets ont été mieux mesurés encore dans l'exécution même des beaux travaux de l'endiguement de la basse Seine [1].

Au delà du Havre, les falaises crayeuses, avec leurs bancs de silex et les sables de leur base, comme aussi les calcaires jurassiques du Bas-Boulonnais, donnent des dépôts toujours riches en quartz, parce que le calcaire est détruit et dissous par les eaux de la mer.

Cap la Hève.

Quartz hyalin en grains.....................	70
Silex en fragments anguleux.................	3
Glauconie..............................	17
Coquilles brisées et calcaire................	10
	100

1. Voir les travaux de MM. Baude et Beaulieu, et les procès-verbaux de l'enquête de 1850, sur les projets d'endiguement de la Seine maritime, de la Mailleraye jusqu'à Tancarville.

Fécamp.

Silex en fragments anguleux	67.2
Quartz hyalin roulé	18.2
Glauconie	0.6
Coquilles brisées	14.0
	100.0

Ault.

Quartz hyalin en grains	66.5
Silex blanc ou jaunâtre, en fragments, quelques-uns rouge grenat	11.9
Glauconie, avec quelques silex noirs	0.9
Coquilles brisées et calcaire	19.8
Perte et substances dissoutes	0.9
	100.0

A l'embouchure de la Canche le dépôt s'enrichit exceptionnellement en carbonate de chaux, dû à des apports de coquilles.

Canch.

Débris de coquilles marines	66.4
Silex anguleux, gris blanc et jaunâtre	21.9
Grès blanc et un peu de limonite roulée	5.8
Sable fin de la plage	5.9
	100.0

Dans le Bas-Boulonnais, au cap d'Alprech par exemple, on a la même abondance de carbonate, mais le quartz y remplace le silex.

Alprech.

Carbonate de chaux	57.8
Silex	2.7
Quartz et un peu d'argile	35.2
Débris divers et perte	4.3
	100.0

Le sable quartzeux du cap Grisnez peut être pris pour type des dépôts littoraux du Boulonnais.

Gris-Nez.

Quartz hyalin et quelques fragments de silex.....	88.4
Glauconie et un peu de quartz.................	1.7
Coquilles brisées..............................	6.7
Perte et partie dissoute......................	3.2
	100.0

Sur les rivages de la mer du Nord, depuis Dunkerque jusqu'en Hollande, le dépôt littoral est sableux, à grains réguliers de quartz hyalin, avec quelques débris de coquilles. Mais la mer emprunte principalement le sable aux terrains tertiaires de la côte et du bassin ; le dépôt conserve donc un caractère local. C'est ainsi que vers Dunkerque le silex et la glauconie se montrent en abondance ; près d'Ostende le silex devient rare et la glauconie reste en grande proportion ; sur la côte des Pays-Bas, ce sont les fragments d'orthose, le grenat et le mica qui apparaissent dans les sables quartzeux.

V. *Exemples de dépôts sous-marins.* — Après avoir étudié les dépôts littoraux de la France et leurs variations dans les limites des marées, proposons-nous de pousser plus loin cet examen et de comparer les formations sous-marines à celles du rivage.

Méditerranée. — Dans la Méditerranée, comme dans les mers intérieures, peu soumises aux agitations des marées, une légère différence de profondeur suffit à produire des changements physiques ou chimiques dans le dépôt (isthme des Sablettes). Ainsi le carbonate de chaux est plus abondant dans la profondeur s'il est dû surtout aux mollusques (Cannes, golfes de Fos et des Saintes-Maries) ; il domine au contraire vers le rivage s'il est emprunté aux roches de la côte ou du bassin (isthme des Sablettes, golfe de Marseille) ; sa proportion est d'autant plus grande que le dépôt sous-marin est moins éloigné de roches calcaires (golfes de Marseille, de Fos et des Saintes-Maries). Quelques exemples, résumés dans le tableau suivant, suffisent à mettre en évidence ces règles déduites d'un très-grand nombre d'observations.

Comparaison du dépôt littoral et du dépôt sous-marin (MÉDITERRANÉE).

LOCALITÉS.	Profondeur.	CARACTÈRES PHYSIQUES.	CARACTÈRES MINÉRALOGIQUES.	Carbonate.	Résidu.
ISTHME DES SABLETTES (rade de Toulon)	0	Gravier à grains aplatis....	Quartzite brun en plaquettes, micaschiste brun rougeâtre; mica séricite en lamelles..........	8.3	»
Id. au S.-E. de Toulon... par { long. 3° 33' { lat. 43° 45'	2ᵐ.5	Sable brun jaunâtre.......	Plaquettes arrondies de micaschiste brun ou gris; mica séricite............	2.0	96.0
CANNES.............. (Golfe de la Napoule à 2 kil. de)	0	Sable graveleux..........	Arkose rose grisâtre, mica jaunâtre et brun tombac..............	9.6	87.3
Id. par { long. 4° 36' { lat. 43° 31'	50ᵐ	Sable fin, grisâtre, piqueté de noir.............	Micas blanc argenté, vert, brun tombac; feldspath orthose, rose et blanc.....	13.3	85.5
MARSEILLE (rade de)..... extrémité du Prado.	0	Sable fin grisâtre, à points noirs et roses..........	Calcaire blanc; grains de fer oxydulé; grenat brun rouge transparent.....	60.6	37.5
Id. à 100ᵐ du cap Janet	7ᵐ	Sable graveleux brunâtre...	Galets de calcaire noir et jaunâtre; silex blond jaunâtre..........	57.3	40.5
Entre le cap Janet et les îles du Frioul.......	30ᵐ	Marne sableuse brunâtre....	Galets de calcaire et argile........	54.0	35.9
GOLFE DE FOS..........	0	Sable gris, brunâtre.......	Mica brun tombac et blanc..........	20.4	72.3
Id. par { long. 2° 37' { lat. 43° 23'	20ᵐ	Marne maigre, brune.....	Mica, argile..........	36.0	56.0
GOLFE DES SAINTES-MARIES.	0	Sable grisâtre à grains fins..	Micas blanc argenté, vert et tombac, silex jaunâtre anguleux; feldspath orthose; micaschiste noirâtre............	17.5	77.8
Id. par { long. 2° 11' { lat. 43° 25'	12ᵐ	Sable marneux, très-fin, gris brunâtre.............	Argile gris verdâtre.............	33 0	57.0

Océan. — Comme le mouvement des marées se fait sentir vio-lemment dans l'Océan, nous avons dû examiner déjà la variation des dépôts entre la haute et la basse mer. (Voir page 502.) Nous avons remarqué un enrichissement ordinaire en carbonate de chaux quand la profondeur augmente; poursuivons, sur quelques points, la comparaison entre des limites plus étendues. Nous constaterons encore, dans les baies de la Bretagne comme autour du Cotentin, que le dépôt est composé des roches du rivage, triturées et mélangées de coquilles; le feldspath et le micaschiste y dominent tour à tour suivant la nature de la côte. Le carbonate de chaux est très-variable sur des points très-rapprochés; mais il tend toujours à augmenter dans la profondeur. Dans la baie de Granville, où les marées atteignent une si grande hauteur, les dépôts sont surtout remarquables par l'abondance exceptionnelle des coquilles souvent très-bien conservées qu'ils renferment (anomies, huîtres, serpules, trochus, foraminifères et maërl). Aussi le carbonate de chaux est-il en proportion considérable. Dans le Pas-de-Calais, bien que les calcaires ou la craie de la côte figurent dans les dépôts, ce sont surtout les mollusques (coquilles, foraminifères, bryozoaires) qui les enrichissent dans la profondeur. Indépendamment du quartz hyalin, toujours prédominant, des silex et de la glauconie, il importe de signaler dans le dépôt sous-marin des grains de craie siliceuse provenant sans doute du fond même du détroit, et des débris de pétrosilex, de granite, de porphyre et de diorite, qui ne ressemblent en rien aux roches de la Manche ou du bassin de la Seine, et qui paraissent avoir été apportés de la Scandinavie à une époque géologique antérieure.

En résumé, sur nos côtes océaniques, les dépôts sous-marins donnent lieu à trois remarques : ils sont formés de débris empruntés au rivage ou au bassin hydrographique; leur carbonate de chaux est dû principalement aux mollusques et aux plantes; enfin la proportion de cet élément augmente avec la profondeur.

LOCALITÉS.	Profondeur.	CARACTÈRES PHYSIQUES.	CARACTÈRES MINÉRALOGIQUES.	Carbonate.	Résidu.
CONQUET............. anse des Blancs-Sablons.	0m	Sable très-fin blanchâtre....	Coquilles microscopiques.............	27.0	69.0
Id. au N.-O., devant la baie des Blancs-Sablons. par { long. 7°8' lat. 48°23'	26m	Graviers gris verdâtre, en fragments volumineux...	Débris de gneiss et de micaschiste; orthose blanc. Beaucoup de mica argenté; un peu de mica tombac. Abondance de coquilles et de bryozoaires...	52.0	48.0
GRANVILLE.............	0m	Tangue grise, et sable grossier multicolore...	Quartz blanc opaque, en parcelles microscopiques; quartzite micacé; schiste argileux, schiste siliceux...	68.9	23.5
Id. à 5 milles du phare.. par { long. 4°2' lat. 48°50'	4m	Sable grossier, grisâtre...	Dépôt presque entièrement formé de maërl et de coquilles...	91.7	8.3
RADE DE CHERBOURG, avant-port.	0m	Sab'e vert grisâtre assez fin.	Argile vert grisâtre. Coquilles et plantes...	18.4	61.3
Id., passe de l'Ouest....	11m	Gravier sableux jaunâtre, irrégulier...	Quartz ferrugineux; quantité micaschiste noirâtre; nombreux débris de coquilles...	67.3	32.6
ÉTAPLES............. rive droite de la Canche.	0m	Sable jaunâtre...	Quartz hyalin 93,1; carbonate de chaux 3,8; glauconie 1,4; perte 1,7...	3.8	94.5
Id. entre la côte et le banc de Miroquois...... par { long. 0°50' lat. 50°84'	21m	Sable fin, gris jaunâtre...	Silex; un peu de glauconie ayant la forme de foraminifères. Coquilles abondantes; nummulites...	13.8	83.5
BOULOGNE............. embouchure de la Liane.	0m	Sable grisâtre à grains fins.	Fragments très-fins de Mytilus edulis et de Cardium edule...	4.3	93.9
Id. entre la côte et le banc le Sapin...... par { long. 0°46' lat. 50°41'	15m	Sable gris jaunâtre, multicolore, un peu graveleux...	Débris de granites et de porphyres. Glauconie peu abondante. Coquilles actuelles et nummulites...	22.4	76.1

V. *Répartition des mollusques.* — C'est aux êtres organisés, nous venons de le voir, qu'est due la majeure partie du carbonate de chaux qui enrichit les dépôts sous-marins. L'étude de la faune qui peuple les abords des côtes est donc d'un haut intérêt soit par elle-même, soit par les inductions qu'on en peut tirer pour l'interprétation des faits géologiques.

Comme les coquilles, même peu résistantes, se rencontrent dans les dépôts en fragments anguleux, plus gros souvent que les débris rocheux, on est en droit de présumer qu'elles n'ont pas été arrachées par les vagues à une grande profondeur. En outre, leur inégale répartition entre des points voisins ne permet guère de supposer que les courants les aient rapportées du large. Ceci d'ailleurs ne serait possible que pour les coquilles légères (foraminifères), qui d'autre part s'useraient rapidement dans un transport prolongé. Les têts épais et pesants (huîtres, etc.) ne pourraient être remontés par les vagues sur la pente sous-marine des côtes. Tout concourt donc à établir que les mollusques qui se rencontrent dans les dépôts ont vécu en général à peu de distance du point où leurs dépouilles s'accumulent. Diverses influences modifient la nature et le développement de la faune malacologique ; nous examinerons rapidement, à ce point de vue, la constitution de la côte, la composition chimique des eaux et enfin leur température.

Influence de la constitution de la côte. — Pour le littoral de la France, A. d'Orbigny a mis en évidence la relation entre la faune et la nature de la côte. Sur les roches calcaires (Calvados, Charente-Inférieure), ou granitiques (Bretagne, Vendée) on rencontre les genres *littorina, purpura, murex, trochus, patella, pholas, saxicava…*, et aussi *échinus, serpula…* ; enfin les crustacés, langoustes et homards. Sur le sable (Vendée, Landes), ce sont au contraire les *nassa, cassis, fusus, scalaria, natica, cardium, tellina, mactra, solen, donax…* ; sur la vase, *lyonsia, paludestrina* et quelques espèces spéciales de *tellina, cardium, mya…* Sur les côtes montagneuses ou abruptes (au pied des Alpes et des Pyrénées, le long des falaises de la Manche…) les vagues déferlent avec force et les mollusques, exposés à des dangers continuels, ne sauraient être abondants. Ils ne peuvent se rencontrer au milieu de galets et de graviers grossiers ; ce n'est que dans des anses abritées, ou à une petite profondeur au-dessous de la basse mer, qu'ils peuvent parfois devenir nombreux. Sur une côte sableuse, ils seront rares si le dépôt littoral est renouvelé sans cesse par les vagues et les vents (Landes, Pas-de-Calais); ils seront souvent abondants, au contraire, sur une côte profonde et fixe (golfes d'Antibes et du Lion; la Jachère en Vendée; Calvados...), ou sur des points rapprochés de stations très-peuplées (diverses plages de Bretagne et surtout de Belle-Isle-en-Mer). Enfin sur une vase plus ou moins sableuse, les mollusques peuvent se rencontrer en grande quantité, notamment dans les anses et les golfes (Charente-Inférieure, Bretagne, Cotentin, Cancale et Isigny, Flandre); néanmoins ils sont toujours rares sur la vase pure. Toutefois ce n'est pas seulement l'orographie de la côte, ou la nature physique du dépôt, c'est aussi la composition minéralogique qui influe sur la richesse de la faune. Ainsi une côte calcaire, peu profonde, est toujours très-peuplée (golfes jurassiques, crétacés, ou tertiaires de la Méditerranée, côte de Saintonge, baie de Seine). Sur les côtes feldspathiques, nous avons déjà vu que les mollusques sont ordinairement fort nombreux de même que les nullipores (Bretagne, Cotentin). On doit sans doute l'attribuer en partie au moins à une réaction chimique entre les roches et les eaux.

Influence de la composition chimique des eaux. — Il est évident que les eaux marines peuvent fournir beaucoup de carbonate de chaux aux mollusques le long d'une côte ou d'un bassin hydrographique qui sont eux-mêmes calcaires. Il en sera encore ainsi pour une région granitique ou schisteuse, parce que les éléments charriés dans les eaux sont riches en alcalis qui déplacent la chaux. Au contraire les carbonates manquent toujours sur une côte exclusivement constituée de sables quartzeux. La salure de la mer, que les courants et l'apport des fleuves modifient selon les lieux, influe également à un haut degré. Aussi la population change et diminue aux embouchures, dans les étangs littoraux, etc.

Influence de la température des eaux. — Sur de grandes étendues de côtes, les différences de faunes et de flores s'accentuent avec la variation de la latitude, du climat, des courants, de la profondeur, en un mot de la température des eaux. Les travaux de MM. Forbes et Dana ont même permis de délimiter des provinces malacologiques.

Les êtres organisés varient beaucoup dans la profondeur, lorsqu'on les observe sur une même côte. De là des zones bathymétriques tranchées, particulièrement vers le niveau de la mer. Dans les régions profondes, des types que l'on considérait comme éteints se sont perpétués et des sondages récents, exécutés surtout par des naturalistes anglais, en ont révélé l'existence. En outre, dans les mers de l'Amérique centrale, M. Agassiz a trouvé des oursins de l'époque crétacée, plusieurs genres de mollusques tertiaires, et même un crustacé de la famille des trilobites[1]. Enfin près de Biarritz, M. de Folin a dragué aussi des espèces éocènes que l'on croyait disparues[2].

Les huîtres; exemples et vérification. — Les huîtres, dont les conditions d'existence et de développement sont bien connues depuis les belles recherches de M. Coste, fournissent des exemples très-nets à l'appui des considérations indiquées ci-dessus. Non-seulement leur inégale répartition, mais surtout la variation dans la rapidité de leur développement, sont en rapport avec la composition des eaux et la nature de la côte. Ainsi, elles dépérissent si la salure des eaux dépasse 3,7 ou n'atteint pas 1.8 pour 100. Elles ne peuvent s'acclimater dans la Baltique trop peu salée; mais elles prospèrent même aux embouchures de nos rivières bretonnes, surtout, à la vérité, dans la profondeur, parce que les eaux douces plus légères restent à la surface. Sur les côtes feldspathiques, leur têt est mince et translucide (Tréguier, Hyères...); elles sont particulièrement renommées. Sur les côtes dépourvues de calcaire, elles deviennent très-petites; telles sont les huîtres de Gravette (bassin d'Arcachon). Au contraire, sur les côtes calcaires du Pas-de-Calais et de la baie de Seine, ou dans la baie de Cancale si riche en mollusques, les huîtres atteignent un grand et rapide développement. Il en est ainsi encore sur les côtes de Bretagne, partout où la multitude des coquilles et des nullipores, ou la réaction des alcalis ont accumulé le carbonate de chaux. (Lorient, Concarneau, Brest). Comme en général la proportion de cet élément augmente dans la profon-

---

1. Agassiz, Lettre à M. Peirce (*Revue scientifique*, 2e série, 2e année, p. 1077 et suiv.) — Suivant M. Tournotter, c'est aussi à la grande profondeur sous laquelle se sont formées les assises tertiaires de Biarritz qu'il faut attribuer la persistance dans cette faune d'échinodermes appartenant à des types crétacés (*Société géologique*, séance du 3 mai 1875).

2. *Bulletin de la Société géologique de France*, 3e série, t. I, 1873, p. 304.

deur, il est naturel que les huîtres y parviennent avec le temps à des dimensions plus grandes (variété pied de cheval, *ostrea hippopus*). Enfin le gisement des mollusques terrestres ou lacustres, secrétant un têt calcaire, confirme encore ces divers résultats. On les rencontre rarement sur les sols pauvres en carbonate de chaux, tels qu'argiles, schistes ou grès (exemple : les argiles de Meudon); tandis qu'ils abondent sur les terrains calcaires (coteaux de la vallée de la Seine.)

II

LES MERS ACTUELLES.

1. *Considérations générales sur le tracé des cartes lithologiques.* — Pour étendre le champ de ces recherches et étudier, non plus seulement les dépôts aux abords des rivages, mais la répartition des roches sur le fond des mers, il faut recourir à des sondages profonds. Les exigences de la navigation ont fait exécuter dans toutes les mers des opérations de ce genre dont les marins et les ingénieurs hydrographes résument les résultats sur des cartes où ils indiquent à la fois la profondeur et la nature du fond. Reprendre toutes ces données expérimentales pour les discuter et les coordonner suivant un plan méthodique, tel a été le but que M. Delesse s'est proposé dans l'exécution de ses cartes lithologiques.

Le relief sous-marin est figuré, comme pour le sol émergé, par des courbes horizontales, et les rapports orographiques entre le continent et le fond de la mer sont ainsi mis en évidence. Les rapports minéralogiques s'accusent avec la même netteté, car les indications des sondages permettent de délimiter les diverses roches de fond, surtout d'après leurs caractères physiques. Enfin les cartes donnent aussi les limites et la constitution des bassins hydrographiques auxquels sont empruntés les matériaux des dépôts; la quantité de pluie annuelle; la fréquence et la direction des vents et des courants, conditions qui toutes influent à un haut degré sur la production et sur la répartition des formations sous-marines.

Partout où la mer et ses courants avvivent les roches de fond, il ne s'accumule ni sable, ni vase. Au contraire, les matériaux meubles tendent à remplir les vallées et les concavités. Le nom de *roches* s'applique spécialement ici à celles qui sont agrégées ou pierreuses, quelle que soit d'ailleurs leur nature minéralogique. Ce sont en général des granites, des gneiss ou des grès; des calcaires compactes; quelquefois cependant des roches feldspathiques kaolinisées (roches pourries). L'argile ainsi que la craie, à laquelle on réunit les calcaires tendres ou tuffs, sont distinguées aussi par des couleurs spéciales. Quand les roches sont meubles, il est plus difficile de reconnaître si les dépôts proviennent d'un apport ou de la destruction sur place des roches sous-jacentes. L'étude géologique du littoral permet souvent de résoudre cette question : ainsi des bandes de vase le long d'une côte, balayée par les courants, indiquent des affleurements de couches argileuses : de même des sables et des graviers, sous une eau profonde, incapable de les transporter, ne peuvent être attribués qu'à un remaniement sur place de couches préexistantes de même nature. Bien que les roches anciennes soient en général consolidées, soit par des infiltrations incrustantes, soit par suite de leur émersion, soit par la compression seule, il arrive souvent cependant qu'elles restent imbibées et meubles. Par contre il y a des roches de l'époque actuelle qui sont déjà consolidées; tels sont les récifs de polypiers, les grès et les conglomérats coquilliers, agglutinés par le carbonate de chaux.

Parmi les roches meubles, M. Delesse a établi plusieurs divisions. — 1° Le *sable*, formé ordinairement de quartz hyalin, borde les côtes, surtout dans les eaux basses ou agitées; il peut passer ultérieurement à l'état de grès. — 2° Le *sable graveleux* ou *gravier* est encore du quartz, mais en gros grains et associé à de plus nombreux éléments étrangers. — 3° Les *galets* sont habituellement près des rivages; leur présence au large est un indice d'anciennes plages. — 4° La *vase* est de l'argile, qui peut être plus ou moins mélangée d'alcalis et passe alors à l'argilité; elle contient souvent un peu de sable siliceux, parfois des coquilles, presque toujours du carbonate de chaux; elle se dépose dans les eaux calmes et profondes. — 5° et 6° Le *sable vaseux* et la *vase sableuse*, le *gravier vaseux* et la *vase graveleuse*, représentent des mélanges variables de sable et de vase, ou de gravier et de vase, et se rencontrent surtout à la limite entre la vase et les deux autres roches. — 7° La *vase calcaire* (variété de *ooze* des marins anglais) est du carbonate de chaux en parcelles microscopiques. Elle contient principalement des carapaces calcaires de foraminifères (globigérines), associées à des diatomées siliceuses, ou à quelques spongiaires à la fois calcaires et siliceux; c'est une sorte de craie en formation. Blanchâtre, molle et très-légère, elle se dépose dans les profondeurs de l'Atlantique et du Pacifique. — 8° Enfin l'*arène corallienne* est composée de débris de polypiers arrondis et remaniés. Aussi la rencontre-t-on exclusivement dans les mers du Sud, dans lesquelles se développent les polypiers.

La répartition des êtres organiques peut souvent être indiquée sur les cartes. En effet les sondages permettent de délimiter les dépôts coquilliers et ceux-ci décèlent les stations habituelles des mollusques. On reconnaît qu'elles sont particulièrement abondantes sur les sables, mais qu'elles sont nombreuses aussi sur les fonds pierreux. Les goëmons et les fucus qui croissent sur les roches, les algues qui prospèrent sur les sables vaseux, ont pu également être figurés sur les cartes de M. Delesse.

Toutes ces roches sont indiquées par des teintes conventionnelles; toutefois il importe de remarquer qu'elles sont distinguées non par leur âge, mais par leur nature minéralogique; en d'autres termes, ces cartes sont *lithologiques* et non géologiques.

La géologie du fond des mers peut être seulement esquissée aujourd'hui, à l'aide soit des sondages marins, soit des forages exécutés près des côtes; ces derniers aident à suivre dans la profondeur les couches connues sur les continents et permettent de repérer leurs affleurements sous les eaux. Ajoutons, d'ailleurs, qu'en étudiant avec soin les échantillons recueillis dans les sondages sous-marins, et en les comparant avec ceux empruntés aux roches des côtes voisines, il devient possible d'acquérir des notions précises sur la constitution du fond des mers et même de dresser des *cartes géologiques sous-marines.*

L'examen des cartes lithologiques montre à première vue la variété des dépôts soit aux diverses époques, soit même à l'époque actuelle. Nous savons déjà, au surplus, que les formations sont en rapport avec la profondeur, la nature des bassins hydrographiques et des roches de fond, le régime des courants, la température des eaux. En essayant d'esquisser ici les traits les plus saillants de la lithologie des mers, nous suivrons l'ordre géographique et nous examinerons chacun des grands bassins océaniques qui remontent presque tous à des époques géologiques anciennes. Nous commencerons par la France, dont nous avons déjà étudié les dépôts littoraux.

II. *Les mers de France.* — Méditerranée. — Sur les côtes de la Méditerranée, les sondages font reconnaître des affleurements de roches, principalement au voisinage des montagnes (Alpes, Maures, Esterel, Pyrénées). Elles sont aussi variées dans leur nature que celles du sol émergé. Le sable forme le long du rivage une bordure sous les eaux basses et agitées; elle se rétrécit quand la côte est abrupte (au pied des montagnes); elle s'élargit, au contraire, quand le littoral est bordé d'îles (Hyères) ou de hauts fonds, surtout si ces derniers appartiennent à des grès faciles à désagréger sur place (banc de Blauquières). Près de Nice et de Monaco, le sable est émergé et passe à un grès avec mollusques actuels. La vase est le dépôt le plus habituel de la Méditerranée, par suite de l'absence de marées; à la profondeur de 200 mètres, elle domine absolument. Sa composition varie suivant les golfes où elle se dépose; elle constitue une sorte de marne qui peut être plus ou moins mélangée de coquilles et de plantes marines. Quand elle se charge de sable elle passe à un sable vaseux; mais ce dernier est rare, même entre la vase et le sable qui, en général, se succèdent brusquement l'un à l'autre. Le sable vaseux se présente cependant dans le golfe du Lion sur une vaste bande entourée de vase et qui révèle l'affleurement d'une roche arénacée. Les plantes marines se montrent abondantes sur les fonds rocheux, calcaires (golfes de Marseille et de la Ciotat) ou feldspathiques (Maures, Pyrénées), et sur les fonds vaseux (rade d'Hyères); mais elles disparaissent sur les fonds de sables (golfe du Lion). Leur profondeur reste ordinairement inférieure à 100 mètres. Les dépôts coquilliers sont très-irréguliers; ils sont près des côtes et habituellement sur le sable autour de la Provence; ils sont au large et sur la vase dans le golfe de Lion. En général leur profondeur est moindre que 200 mètres.

Les abords de la Corse sont intéressants à étudier. L'île, très-montagneuse, est divisée sur sa longueur en deux versants : l'un, oriental, est constitué par des calcaires nummulitiques; l'autre, occidental, formé par des granites. Le littoral de ce dernier est naturellement plus sinueux, plus découpé, la mer y est plus profonde, la côte plus abrupte, les roches sous-marines plus étendues qu'à l'orient, où le rivage est bordé d'une plaine d'alluvion sableuse qui se prolonge sous la mer. Du reste, le sable dessine autour de l'île une bordure continue, bien plus large vers l'est, et zonée de bandes de gravier qui proviennent soit de l'action des eaux agitées, soit de l'apport de nombreux torrents de montagne. La vase s'approche beaucoup du rivage dans les golfes profonds de Porto-Vecchio, d'Ajaccio, de Calvi..., dont les bassins granitiques fournissent du feldspath et par suite de l'argile. Les plantes marines sont très-abondantes, surtout sur la côte orientale; le calcaire semble jouer ici un rôle, moins comme élément du sol, puisque les végétaux marins ont en général des racines rudimentaires, que par son action sur la composition chimique des eaux. Quant aux mollusques, ils ne sauraient qu'être exceptionnels sur des côtes abruptes et graveleuses.

Océan Atlantique. — Le fond de l'océan Atlantique présente, le long de notre littoral occidental, une vaste terrasse sous-marine qui est limitée à peu près par l'horizontale à la cote 200 mètres. Très-étroite à l'extrémité du golfe de Gascogne, large de 150 kilomètres en face de la Vendée, elle s'étend au delà de 480 kilomètres en regard d'Ouessant. Elle sert de soubassement aux îles Britanniques et à la France; elle supporte, en outre, beaucoup de bancs, près du rivage ou des îles, et surtout au N.-O. du Finistère, autour de la Grande-Sole. Les fonds de roches sont assez fréquents (Pyrénées, île d'Oléron, Vendée, Bretagne). Ce sont les derniers contreforts des roches du rivage, gneiss ou granite en Bretagne, calcaire jurassique ou crétacé aux îles de Ré et d'Oléron. Le tuf calcaire, prolongement de la craie de Saintonge, s'étend de la côte des Landes à Noirmoutiers et à Belle-Isle. Le sable occupe dans le golfe de Gascogne une zone considérable. Réduite à 10 kilomètres au cap Breton, elle s'élargit jusqu'à 120 kilomètres vers l'embouchure de la Gironde; elle provient de la destruction du terrain pliocène des Landes, qui est formé de sable quartzeux, et elle laisse voir, vers 50 mètres de profondeur, des bandes graveleuses ou caillouteuses, qui sont les affleurements des couches inférieures de ce terrain. Plus loin, vers l'ouest, on rencontre un sable vaseux très-irrégulièrement répandu. Enfin, les parties profondes du golfe reçoivent de la vase qui, vers les Pyrénées, se dépose très-près du rivage. Entre la Gironde et la Vendée, le sable recouvre encore la plus grande partie du fond ; il entoure des graviers et aussi des sables vaseux ou de la vase que leurs formes découpées font reconnaître pour les affleurements sous-marins des couches constituant la côte, notamment des argiles wealdiennes et kimméridiennes. Néanmoins, la Charente, la Sèvre et la Ly, qui recueillent les eaux des bassins granitiques, argileux et marneux, contribuent pour leur part à la formation des vases (*terre de Bri*') qui s'accumulent aux abords des îles de Ré et d'Oléron. Au large de la Vendée, la vase provient de même de la destruction sur place des assises paléozoïques schisteuses. On en peut dire autant des fonds de vase très-étendus entre Noirmoutiers et Quiberon. On trouve encore des bancs de vase épars au loin des côtes, à l'est de Belle-Isle, dans la baie de Lorient, en face de Penmarch, et jusqu'à la rade de Brest. Ce sont autant de témoins de l'extension des schistes paléozoïques depuis les Sables-d'Olonne jusqu'à Penmarch. Quelques pointements rocheux de micaschistes qui les accompagnent, servent à en manifester la véritable origine.

Plus au large, l'Atlantique est encore peu connu. Cependant on sait que la vase calcaire s'étend du golfe de Gascogne très-loin vers l'ouest et remplit les parties profondes de l'Océan. Une large zone de vase suit la côte, à une distance variable, depuis Oléron (70 kilomètres) jusqu'à Penmarch (qq. kilomètres), et à une profondeur de 65 à 135 mètres. Le sable vaseux, bordé soit par la vase, soit plutôt par le sable, forme des bandes qui, comme la Bretagne, s'allongent vers le N.-O. Une longue traînée

1.

	SiO^2	PhO^5	Al^2O^3 Fe^2O^3	CaO	MgO	KO	NaO	CO^2	Eau et matières organiques.	SOMME.
Terre de Bri noire, à l'état naturel....	1.11	0.08	1.36	9.43	0.11	0.05	0.18	6.50	81.18	100
desséchée.	2.50	0.20	3.05	21.20	0.25	0.10	0.10	14.6	57.70	99.70

Analyse de M. L. Durand-Claye. (*Revue de Géologie*, t. X, 1874, p. 31.)

joint le Finistère au golfe de Gascogne. Sa profondeur, qui est de 50 mètres vers le nord, mesure 200 mètres vers le sud ; sur quelques points, elle atteint même 600 mètres. Elle est séparée de la côte par la vase et se prolonge, vers l'Océan, par un sable gris avec coquilles et baguettes d'oursins. On voit nettement par ces exemples que la vase, le sable vaseux et le gravier, qui se rencontrent à toutes les profondeurs, sont en relation étroite avec les couches qui constituent le bassin océanique, et proviennent de leur destruction sur place, sous l'action des eaux, bien plus que de l'apport des courants. En résumé, la vase se dépose surtout au pied de la terrasse qui supporte la France et les îles Britanniques ; sur la terrasse elle-même, c'est au contraire le sable qui domine ; il entoure soit des parties rocheuses décapées par les courants, soit des bancs vaseux produits par l'affleurement des couches argileuses sous-marines.

Les mollusques sont assez rares dans le golfe de Gascogne, surtout vers la côte des Landes ; ils deviennent abondants vers l'Aunis et la Saintonge, surtout près des côtes de la Bretagne. Ainsi les dépôts coquilliers manquent au sud du parallèle d'Oléron, tandis qu'ils sont nombreux autour des îles de Ré, de Groix de Belle-Isle et d'Ouessant. L'un des plus importants parmi ces dépôts s'allonge de l'est à l'ouest, entre le plateau de Rochebonne, les Sables-d'Olonne et l'île de Ré, par 50 mètres de profondeur ; mais le plus étendu, compris entre Ouessant et Penmarch, recouvre la terrasse sous-marine jusqu'à sa limite à l'ouest du Finistère. Dans la zone de sable qui longe le bord de cette terrasse, par 100 ou 400 mètres, la sonde signale, surtout vers le 46e parallèle, des débris de mollusques et d'échinodermes ; à une profondeur plus grande commence une vase molle calcaire, contenant des foraminifères.

Manche. — La Manche est peu profonde (en moyenne 45 mètres), et son bassin se relève vers les côtes et le Pas-de-Calais, que bordent en outre des terrasses et des bancs. Elle est traversée par une vallée de fracture, étroite, profonde (160 mètres en face la Hague), dont la direction générale est N.-N.-E., et qui s'étend du Sussex au Finistère, avec quelques ramifications à l'extrémité du Cotentin. Comme d'énergiques courants balayent la Manche, son fond reçoit peu de dépôts, et les roches pierreuses y occupent une grande étendue, non-seulement le long des côtes, mais aussi transversalement au thalweg. Ce sont des granites et des roches de transition, désagrégées ou pourries, entre la Bretagne, le Cotentin, le Devonshire et le Cornouailles; en face le Calvados, ce sont les calcaires jurassiques; plus loin la craie planche se montre au large des falaises de Fécamp et de Saint-Valery, et jusque sous le Pas-de-Calais. L'argile, toujours peu étendue, se voit près des côtes où affleurent les argiles de Kimmeridge (baie de la Seine), ou du gault (entre Folkestone et Escalle). Dans presque toute la Manche, mais principalement dans les baies abritées des courants, se dépose un sable, mélangé de coquilles, variable dans sa composition, feldspathique vers les granites de Bretagne, quartzeux près des sables, des grès et des silex de la Flandre. Aux abords des côtes, sous les eaux agitées, le gravier accompagne souvent le sable; mais, en outre, il recouvre de vastes surfaces, irrégulièrement découpées, à proximité de roches pierreuses et surtout de la craie, sous des profondeurs quelquefois considérables. Tels sont les dépôts compris entre Brighton, Fécamp et Dieppe, au S.-E. de Portland, ou auprès du cap de Beachy. Ce sont vraisemblablement les affleurements des couches plus ou moins arénacées du terrain crétacé inférieur. La vase ne se montre qu'au voisinage des côtes, où elle forme, notamment sur le littoral breton, de nombreux dépôts très-limités (baies de l'Abervrach, de Morlaix, de Tréguier, de Paimpol, de Saint-Brieuc, de Cancale...). Là, comme sur le pourtour du Cotentin (Granville, Jersey, la Hougue), ces fonds vaseux se montrent aux affleurements des schistes de transition. Dans la vaste baie de la Seine, leur importance augmente (Valogne, Isigny, Trouville, Honfleur, et jusqu'à Étretat). Cette vase est fournie par divers terrains secondaires qui se prolongent sous la mer (marnes du lias, aux îles Saint-Marcouf; argile d'Oxford, à Dives; argiles de Kimmeridge, à la Hève et Honfleur). Ainsi le dépôt vaseux qui, au cap de la Hève, s'avance de 20 kilomètres sous la mer, peut servir à mesurer la destruction que les vagues ont déjà produite sur les falaises crayeuses de la Haute-Normandie. D'autres petites zones de vase bordent la côte près de Cayeux, à l'embouchure de la Somme, etc. Les dépôts coquilliers sont très-nombreux, irréguliers, disposés le long des côtes; quelques-uns descendent dans la profondeur et traversent la Manche, notamment entre le Cornouailles et la Bretagne. Toutes les baies en présentent de bien développés. Ils sont le plus souvent sur le sable, accidentellement sur le gravier ou sur les roches pierreuses.

Mer du Nord. — Remplie de bancs de sable, la mer du Nord offre dans le voisinage du Pas-de-Calais des collines sableuses alignées, parallèles aux côtes, et formées par les courants de flot et de jusant qui traversent le détroit. La sonde signale aussi des roches pierreuses, qui sont le prolongement des terrains du rivage : gault et assises crétacées inférieures, entre Folkestone et Escalle[1]; craie blanche, au delà vers l'est. Dans le détroit, la rapidité des courants empêche tout dépôt ; mais dans la mer du Nord s'accumule le sable fin, et parfois le sable graveleux sur quelques affleurements, notamment au S.-E. de Northforeland. Enfin la vase se montre sur plusieurs points, près de Dunkerque et d'Ostende, aux embouchures de l'Escaut et de la Tamise... Les dépôts coquilliers sont assez rares, sans doute parce que les eaux, peu profondes et souvent agitées, sont facilement troubles. On ne rencontre des bancs étendus qu'au N.-E. du détroit et près de la côte de France.

Sur plusieurs points, au large de notre littoral, notamment autour de la Bretagne, à l'embouchure de la Seine et dans le Pas-de-Calais, la sonde constate qu'il existe des bancs de galets. Bien que par leur situation ils se rattachent aux côtes qui en fournissent encore, ils sont en général à une profondeur trop grande (30 mètres) pour que les courants actuels aient pu les produire. On peut en attribuer l'accumulation à des actions mécaniques plus énergiques, comme les phénomènes diluviens dans la baie de la Seine, ou les courants violents qui auront accompagné la formation du Pas-de-Calais.

En résumé, l'étude des côtes de France qui a été faite par M. Delesse nous montre déjà combien le fond de la mer présente une composition minéralogique variée. Les dépôts sont discontinus. Tantôt les roches du rivage, cohérentes comme le granite, les grès ou les calcaires, faciles à désagréger comme les argiles, les sables, les schistes, la craie..., affleurent sous les eaux pour y être balayées et décapées, en donnant ainsi des

---

1. Sur la plage de Wissant (Pas-de-Calais) se rencontrent de nombreux nodules de gault, exploités comme amendement. D'après M. L. Durand-Claye ces nodules contiennent 20 à 25 pour 100 d'acide phosphorique, soit 44 à 55 pour 100 de phosphate de chaux. (*Revue de Géologie*, t. X, 1874, p. 43.)

fonds rocheux ou des bandes de vase, de sable ou de gravier.
Tantôt, dans les dépressions ou sur les points où la vitesse diminue, s'accumulent des dépôts variables dans leur nature avec la
constitution du rivage et du fond. Cette extrême diversité fait
comprendre comment des dépôts voisins, contenant la même
faune, mais très-différents au point de vue minéralogique, peuvent appartenir néanmoins à une même époque.

III. *Les mers de l'ancien monde.* — Dans l'état actuel des recherches sous-marines nous ne pouvons esquisser la lithologie
de toutes les mers qui baignent l'ancien continent, et nous nous
bornerons à exposer ce que l'observation révèle dans nos parages
européens.

Comme l'ossature de l'Europe a ses grands traits (Pyrénées,
Alpes, Balkan, Caucase) parallèles au rivage septentrional de la
Méditerranée, le continent s'étend principalement de l'est à l'ouest;
il se prolonge au nord par l'Oural, les Alpes scandinaves et les
montagnes d'Écosse ; au sud par les chaînes des trois péninsules.
Les bassins hydrographiques ont, sur le versant méridional,
une surface restreinte et une forte pente ; vers le nord, au contraire, ils s'élargissent en vastes plaines à peine inclinées. Les
sédiments charriés par les fleuves à la mer varient avec la constitution du bassin et avec sa pente, mais surtout avec sa surface.
Aussi la Méditerranée reçoit-elle beaucoup moins de matériaux
que l'Océan, la mer du Nord et les mers intérieures (Caspienne,
mer Noire, Baltique et mer Blanche). La pluie, dont la répartition est en relation étroite avec la dénudation du sol, est abondante sur le littoral océanique de l'ouest, du Portugal (hauteur
annuelle de pluie à Coïmbre, $5^m,70$), aux Iles-Britanniques (pays
de Galles et Écosse, 1 à 2 mètres) et à la Norwége (Bergen, $2^m,08$).
Sur les rivages de la Baltique elle diminue ($0^m,60$) ; dans le centre
de l'Allemagne, même dans les montagnes de la Bohême, elle est
toujours minime, et elle continue à décroître vers les régions
orientales (Ekaterinenbourg, $0^m,36$). Dans la Méditerranée elle est
beaucoup plus abondante au nord qu'au midi. Comme la quantité de pluie augmente avec l'altitude et le voisinage de la mer,
les grands massifs placés près des rivages sont les plus arrosés
(Portugal, nord de l'Espagne, pays de Galles, Écosse, Alpes scandinaves, Apennins, Alpes maritimes...). Ce sont les vents de S.-O.

qui amènent la pluie sur l'Europe occidentale; mais au delà des montagnes sur lesquelles ils se dépouillent de leur humidité, la pluie est plus fréquente par les vents inverses : ainsi par les vents de N.-O. dans l'Allemagne méridionale, et par le vent d'E. sur le versant suédois des monts scandinaves. Nous dirons quelques mots des lacs et des mers intérieures avant d'aborder l'étude de la Méditerranée et de l'Océan.

Lac Ladoga. — Surface = 18,286 kilomètres quarrés; profondeur = 88 mètres. Comme la Néva, qui lui sert d'émissaire, est peu profonde, les eaux sont décantées naturellement. Les sondages indiquent un fond rocheux vers Schlusselbourg; au sud, un fond d'argile par l'affleurement des schistes siluriens; près des bords, un assez large dépôt de sable; au centre, la vase.

Mer Morte. — Altitude 392 mètres, au-dessous de la Méditerranée; profondeur 350 mètres au nord. Le sable ne forme qu'une mince bordure, et le fond reçoit un dépôt de vase bleuâtre, calcaire, avec gypse lenticulaire et cristaux de sel marin (Duc de Luynes, Vignes, Lartet et Lynch). Ces dépôts cristallins s'observent également dans les lacs salés d'Asie Mineure et d'Algérie, où l'évaporation est très-active.

Mer d'Aral. — Altitude = 14 mètres au-dessous de l'Océan (Struve); surface 69,782 kilomètres quarrés; profondeur : très-faible à l'est et au sud où le fond continue les steppes, 25 mètres au milieu; 50 mètres sur le bord occidental et vers les derniers prolongements de l'Oural. Sa profondeur maximum n'est que de 67 mètres. Le fond est plat, et, à l'exception de quelques roches et de lignite qui a été rencontré vers le N.-O., il est recouvert de sédiments actuels. Le sable est en bordure, très-étroite à l'ouest, très-large à l'est; la vase remplit les parties les plus profondes. Les mollusques, rares ou absents sur la vase, sont très-nombreux sur les sables de la côte orientale, où ils produisent de vastes dépôts coquilliers.

Mer Caspienne. — Altitude = $27^m,75$ au-dessous de la Méditerranée. La salure, très-inégale, considérable seulement dans les golfes de l'est, n'atteint pas en général le tiers de celle de la Méditerranée. Au nord, le fond est la continuation des steppes environnantes; le Volga, l'Oural et le Terek travaillent sans cesse à le remblayer; aussi la profondeur est-elle très-faible, inférieure à 20 mètres. Dans la partie méridionale, voisine des montagnes, le cap Apchéron et le prolongement du Caucase séparent, par une arête de roches sous-marines, deux bassins disposés en entonnoirs profonds (770 et 944 mètres). Le sable borde les rivages, et en outre recouvre près de la moitié septentrionale du bassin qui est entouré de formations arénacées (terrains permiens et triasiques), auxquelles les fleuves enlèvent une énorme quantité de matériaux. La vase, très-sporadique dans le nord où elle est due à l'affleurement d'argiles tertiaires, occupe presque toute la partie sud, même au voisinage des côtes ; elle provient, soit des limons charriés par les cours d'eau, soit des parois des bassins ou des éruptions argileuses et boueuses des environs de Bakou. La faune est remarquablement pauvre, en raison de la faible salure des eaux et de la proportion relativement forte du sulfate et du carbonate de magnésie. Les mollusques se trouvent à une petite profondeur autour de la presqu'île de Bakou et surtout sur les fonds sableux du nord. L'étude attentive de cette faune indique que la Caspienne et le lac d'Aral ont communiqué autrefois avec la mer Noire, la Baltique et les mers boréales.

Golfe Persique. — Il offre une analogie assez nette avec la Caspienne : rive orientale montagneuse et profonde ; rive occidentale plate ; delta et remblai considérable au nord par les alluvions de l'Euphrate. Le sable forme une bordure, étroite à l'est, très-large à l'ouest ; il passe au sable vaseux, puis à la vase qui occupe le centre et se rapproche de la rive montagneuse. La sonde révèle plusieurs pointements rocheux, surtout vers la côte occidentale, et aussi des affleurements de couches argileuses. Les dépôts coquilliers manquent près de l'Euphrate, mais au sud ils se rencontrent sur la vase aussi bien que sur le sable, et, au-dessous du 25° latitude, les polypiers sont abondants.

Mer Rouge. — Profondeur : dans le golfe de Suez, 100 mètres ; dans le golfe d'Akabah, prolongement de la fracture où est encaissée la mer Morte, 350 mètres ; dans la mer Rouge, sur l'axe de ce golfe, 1000 mètres. La salure est très-considérable (4, 3 p. 100). Les roches sous-marines abondent près des côtes et sur le fond ; les polypiers notamment constituent une multitude de récifs. Le sable, très-calcaire, avec débris de coquilles et de polypiers, remplit les deux golfes du nord et passe parfois à l'arène corallienne. La vase s'observe dans le golfe de Suez et surtout au S.-E. de la réunion des deux golfes.

Mer d'Azof. — Surface 35,110 kilomètres quarrés; profondeur, 25 mètres. Le sable l'entoure d'une bordure continue, tandis que la vase occupe le milieu en s'approchant parfois près de la côte. Les coquilles pullulent, surtout sur le sable du rivage oriental. Le Don, par l'apport de ses alluvions, travaille incessamment à combler ce petit bassin.

Mer Noire. — La presqu'île de Crimée et son prolongement sous-marin divisent la mer Noire en deux bassins, dont les rivages méridionaux sont les plus abrupts et les plus profonds (2,000 mètres à l'ouest, et sans doute autant à l'est, au pied du Caucase). Un courant fermé circule autour de la mer Noire de l'est à l'ouest par le nord. Les fonds rocheux sont peu communs; le sable est relativement peu abondant, toujours près des rivages, surtout vers les embouchures des grands fleuves du N.-O. (Dniéper, Bug, Dniester, Danube). La vase, qui doit couvrir tout le fond, s'avance à l'est et au sud jusqu'au niveau de la marée. La faible salure des eaux et l'escarpement des côtes rendent les dépôts coquilliers rares et peu étendus; ils ne se montrent que sur le sable, à l'ouest de la Crimée et à distance du Danube et du Dniéper.

Mer de Marmara. — Cette mer, ainsi que ses deux détroits, le Bosphore et les Dardanelles, est étroite et très-profonde. Les roches et le sable ne se rencontrent que près des bords, et la vase couvre presque tout le fond. Il existe d'ailleurs un double courant qui, à la surface, amène vers le sud les eaux de la mer Noire, et, au-dessous, entraîne vers le nord celles de la Méditerranée.

Mer Méditerranée. — Pour la Méditerranée, comme pour les autres mers intérieures que nous venons d'examiner, la plus grande profondeur se trouve au sud, tandis que les fleuves les plus importants débouchent sur le rivage septentrional. On distingue deux bassins, séparés par l'Italie et les prolongements sous-marins qui l'unissent à la Tunisie. Dans la partie orientale (Archipel, mer de Chypre et de Candie, mer de Syrte, Adriatique), les îles de l'Archipel sont les cimes de montagnes abruptes (1,300 mètres près de Samos), et la profondeur est considérable près des côtes d'Asie Mineure et de Syrie, au voisinage des îles de Chypre et de Candie (3,200 à 3,500 mètres). Le fond est exceptionnellement relevé vers le sud par les limons du Nil, qui ensablent surtout les bouches du N.-E. La mer de Syrte est la plus vaste étendue d'eau sans îles dans la Méditerranée; c'est aussi la partie la plus profonde (4,000 mètres vers Malte). Le bassin se relève nettement vers l'ouest, près de la Tunisie.

Dans la mer Adriatique, remblayée vers le nord par les sédiments du Pô et de l'Adige, les sondages atteignent 400 mètres à la hauteur d'Ancône, et 1,000 mètres sur le parallèle de Trani.

La partie occidentale comprend la mer Tyrrhénienne et la mer des Baléares. La première doit être profonde, car ses rivages sont abrupts et bordés de hautes montagnes (Alpes, Apennins, Sardaigne, Sicile). La seconde offre aussi des côtes en pentes escarpées et présente sur le littoral algérien une dépression parallèle à l'Atlas, longue de 250 kilomètres, et profonde de 2,900 à 3,000 mètres. Les sondages atteignent encore 2,000 mètres près des Baléares, véritables sommets de montagnes escarpées appartenant à l'Espagne, et 1,400 près du détroit de Gibraltar.

La Méditerranée est en général bordée, comme ses îles, par des roches sous-marines, prolongement des montagnes qui l'encadrent. L'argile occupe aussi des espaces notables; celle qui se trouve dans les parages de l'Italie paraît provenir d'affleurements des marnes sub-apennines, tandis que celles de la côte d'Espagne et des Baléares sont dues aux marnes irisées du trias. D'autres bancs d'argile existent entre la Tunisie, Malte et la Cyrénaïque, dans l'Archipel... La vase est, comme dans les mers intérieures déjà étudiées, le dépôt dominant; elle est plus ou moins mélangée de carbonate de chaux, et se rapproche beaucoup, par sa composition et son mode de formation, des marnes du lias. Le sable ne forme qu'une bordure discontinue; il manque au pied des côtes les plus montagneuses (Algérie, Maroc, Palestine, Roumélie, Archipel, golfe de Gênes); il est plus étendu auprès des embouchures (Rhône, Èbre, Nil, Pô); il dessine des zones régulières autour des îles dont les fonds sous-marins sont peu profonds (Baléares, Corse, Sardaigne, Chypre). Enfin le sable occupe encore des espaces assez étendus sur les côtes de la Dalmatie et de l'Istrie, dans l'Archipel et auprès des Dardanelles, entre la Catalogne et les Baléares, à l'occident de la Sicile, et surtout vers la Tunisie et le golfe de Gabès. Tantôt le sable vaseux résulte du mélange de la vase et du sable; tantôt il forme des zones profondes entourées de vase, et provient alors de couches anciennes remaniées sur place (Baléares, golfe du Lion, Adriatique). Tout ceci montre combien la nature des fonds influe sur la composition des dépôts ; la présence du sable le long des rivages dont il retrace le relief sous-marin, ou sur le prolongement des grandes chaînes, prouve que l'agitation des eaux est un autre élément non moins important à considérer. Bien que la faune soit riche, les dépôts coquilliers sont toujours exceptionnels et peu étendus ; on doit l'attribuer à la prédominance de la vase et à la forme escarpée des rivages dépourvus de terrasses sous-marines. Néanmoins on rencontre des bancs coquilliers dans l'Archipel, aux Baléares, à Gibraltar, à l'ouest du golfe du Lion et dans les parages de Malte. Le corail est abondant sur les mêmes points, il se trouve en outre sur les côtes d'Asie Mineure et surtout entre la Sicile et la Tunisie. Dans le détroit de Gibraltar et au S.-E. de la Sardaigne, les sondages révèlent des dépôts coquilliers à 900 et à 1,000 mètres de profondeur.

Sur beaucoup de points de la Méditerranée les dépôts sous-marins ont été émergés ; ce sont parfois des sables ou des cailloux, mais le plus ordinairement des grès à ciment calcaire, en discordance avec les couches tertiaires, et quelquefois intercalés avec des tufs et des coulées de basaltes (Sicile et Sardaigne). La *panchina* de Livourne, qui constitue une bonne pierre de taille, est le type de ces grès quaternaires.

On peut, comme l'a fait le général La Marmora, les suivre en Italie et sur la côte d'Afrique (Syracuse, Naples, Livourne, Oran, Alger), près des îles (Sardaigne, Baléares), et jusqu'à Trafalgar.

Océan Atlantique européen. — Dans l'Océan Atlantique européen, les abords seuls de notre continent ont été étudiés. Nous avons déjà indiqué ce qui concerne les côtes de France ; nous allons poursuivre le même examen rapide pour l'Espagne, l'Islande, les Iles Britanniques, l'Allemagne, la Scandinavie et enfin la Russie.

La péninsule ibérique est un massif montagneux dont les chaînes se prolongent sous la mer. Aussi les fonds sont-ils rocheux, à fortes pentes et partout profonds, notamment vers les monts Cantabres, des Pyrénées au cap Finistère. Là, le sable qui entoure la Péninsule se réduit à une bande très-étroite. Le sable vaseux contourne les caps Finistère et Ortégal. La vase occupe les grandes profondeurs et s'approche parfois très-près des côtes (Saint-Sébastien, Porto).

L'Islande forme dans l'Océan atlantique boréal un vaste dôme volcanique, auquel Rockall et les îles Féroë se rattachent par l'orographie et la constitution géologique. Pour l'Islande les formes du relief se poursuivent assez régulièrement sous les eaux. Les fonds rocheux, signalés surtout à l'ouest, existent sans doute sur tout le pourtour ; on en rencontre jusque par 600 mètres de profondeur dans une vallée qui sépare l'Islande des Féroë. L'argile que la sonde révèle au S.-O. de Reikiavik, provient soit des couches argileuses à lignite, soit de la décomposition des roches volcaniques. Ces mêmes roches, suivant leur degré de trituration, fournissent encore quelques dépôts littoraux de galets, de vastes bancs de sable, et enfin la vase qui remonte dans les fiords jusqu'au niveau de la mer.

Les îles Féroë sont un autre pointement montagneux qui domine un plateau sous-marin, orienté N.E.-S.O. comme le bord de la terrasse britannique dont il est séparé par des profondeurs de 1,000 mètres. Les roches volcaniques ont donné par leur destruction les sables, parfois mélangés de coquilles, qui le recouvrent. Un second plateau, orienté comme le premier, auquel divers accidents rocheux le relient, s'étend au S.-O. sous une hauteur de 100 à 200 mètres d'eau. Les sables sont très-riches en débris de coquilles et de nullipores, surtout vers l'ouest et jusqu'à 160 mètres ; au delà le sable prédomine. Rockall est le dernier témoin d'une île que les vagues ont peu à peu démantelée, et qui s'affaisse sous les eaux, à l'exception d'un écueil de 25 mètres de diamètre. C'est le sommet d'un large plateau, allongé du N.E. au S.O. comme ceux des Féroë, à la cote de 200 à à 300 mètres, couvert de roches, de graviers et de sables très-coquilliers, même à la profondeur de 300 mètres, et séparé de l'Écosse par une vallée profonde de 2,000 mètres, occupée surtout par la vase sableuse.

Une terrasse sous-marine, à peu-près limitée par l'horizontale de 200 mètres, forme le soubassement commun de la France et des Iles-Britanniques, avec les Hébrides et les Shetland. Ce vaste plateau, qui s'avance à 400 kilomètres à l'ouest du cap Land's end, se restreint à quelques myriamètres le long de l'Irlande et surtout de l'Écosse ; il présente une surface plane au midi, irrégulière et ondulée vers le nord où deux vallées, profondes de 240 et 270 mètres, séparent l'Écosse des Hébrides et l'Irlande de la Grande-Bretagne. Cette dernière dépression, prolongée au loin vers le S.-O., est accidentée de grands plateaux. Le sud de l'Angleterre offre pour ses dépôts littoraux, comme pour la constitution même des côtes, la plus grande analogie avec le nord de la France. Le Cornouailles et le Devonshire, avec leur ossature granitique, sont le prolongement de la Bretagne et en reproduisent les caractères. Là aussi le dépôt sous-marin s'enrichit de carbonate de chaux par l'accumulation des mollusques ; il constitue une tangue sableuse très-riche (40 à 70 pour 100 de carbonate de chaux) exploitée depuis plus de deux siècles, et transportée au loin comme un précieux amendement. La seule localité de Padstow en donne 100,000 tonnes par année, soit environ le cinquième de la production totale. Les falaises argileuses ou crétacées du S.-E. sont très-rapidement détruites par une érosion qui atteint annuellement 0,90. Des galets se montrent, surtout au pied des falaises crayeuses, sur la rive anglaise comme sur la côte française. Poussés par les courants, ils cheminent vers la mer du Nord, en formant deux traînées sous-marines analogues aux moraines latérales d'un glacier. Dans l'Océan Atlantique, les sondages indiquent des fondsrocheux : N.-O. de l'Écosse, côte d'Irlande, sud de l'Angleterre, Sorlingues, Hébrides, Orcades, Shetland. Les roches pointent principalement sur les prolongements des caps, et partout où les eaux agitées et les courants décapent le fond (mer d'Islande, canal Saint-Georges, Manche). Le sable est le dépôt le plus ordinaire ; il est souvent mélangé de coquilles (Cornouailles) et passe parfois au gravier près des rivages. Quelques bancs irréguliers de gravier par de grandes profondeurs indiquent des affleurements de roches arénacées anciennes, notamment de vieux grès rouge dans le canal de Bristol, de green-sand entre le Sussex et la Haute-Normandie, de grès triasique au sud d'Exmouth et de Star-Point. La vase forme de petits lambeaux le long des côtes de la Manche, et principalement dans les baies quand le littoral est découpé dans les schistes paléozoïques, les argiles ou les marnes du trias, du lias et des assises éocènes (Folkestone, Southampton, Portsmouth, Plymouth). A l'ouest de l'Irlande, la vase est rare, mais au sud elle s'étend en vastes bancs jusque vers la Grande-Sole. Au surplus, bien que la mer d'Irlande, fermée par deux détroits, soit balayée par des courants, la vase en occupe presque tout le fond, du canal Saint-Georges au canal du Nord et même au détroit de Mynch. Elle provient donc des schistes cambriens et siluriens détruits sur place. Plus loin, au N.O. et au N.E. de l'Écosse, ce sont les schistes siluriens et dévoniens qui fournissent la vase du détroit de Mynch et du golfe de Murray. Ainsi la vase reconnue dans les mers britanniques provient en partie des affleurements sousmarins de roches argileuses qui sont antérieures à l'époque actuelle; quant aux limons apportés par les fleuves, et que les eaux agitées tiennent en suspension, ils peuvent aller se déposer au pied de la grande terrasse et à de longues distances. Les sondages faits pour la pose des câbles télégraphiques indiquent, dès la profondeur de 1,000 mètres, et partout dans les grands fonds, une vase molle calcaire et contenant des foraminifères. Ce calcaire crayeux qui remplit les abîmes de l'Océan est l'un des plus importants dépôts de l'époque actuelle.

Mer du Nord. — La terrasse sous-marine qui unit les Iles-Britanniques au continent forme le fond de la mer du Nord. La profondeur est très-petite au sud et à l'ouest; l'inclinaison générale est vers le nord, mais au centre le fond se relève tandis que deux vallées se dessinent le long de l'Écosse et du littoral norwégien. Dans le sud les courants marins ou fluviatiles ont produit une multitude de petites collines sablonneuses, alignées parallèlement aux rivages et quelquefois à sec à marée basse. La terrasse marginale s'élargit beaucoup entre le Yorkshire et le Danemark; elle supporte de nombreux plateaux (bancs Jutland, Amrum et Breitevierzehn, sur la côte des Pays-Bas; banc Well à l'est de l'Humber). En outre, au milieu s'élève le Dogger-Banc (30 mètres d'eau), et plus au nord le Long-Banc (55 à 73 mètres). Un grand nombre de dépressions sillonnent ces plateaux ou circulent entre eux : le Tiefe-Rinne le long des côtes orientales d'Angleterre (60 mètres); les Coal Pit, Sole Pit, et Silver Pit autour du banc Well, etc. Vers le nord le fond devient inégal et les plateaux sont moins accusés. Au contraire, des vallées sinueuses se creusent au pied des montagnes d'Écosse et constituent une dépression de 90 à 160 mètres. Une autre grande vallée sousmarine contourne la côte de Norwége. Elle est très-resserrée et très-profonde surtout dans le Skager-Rack (785 mètres). Ainsi un exhaussement de 200 mètres suffirait à mettre à sec toute la mer du Nord jusqu'aux Shetland, à l'exception d'un étroit chenal reliant les fiords de la Scandinavie. Comme on pouvait le prévoir, les fonds de roches sont développés près des côtes d'Écosse, autour de l'archipel Danois et dans le prolongement des chaînes norwégiennes. Les zones d'argile sont largement étalées sur les rivages du Jutland, des Shetland, de la Norwége et surtout dans le Skager-Rack. Les galets se rencontrent sur plusieurs points, et même à des profondeurs considérables (100 mètres près des Orcades), tandis que le gravier ne forme que des traînées vers les rivages d'Angleterre. Le sable est le dépôt prédominant : fin, quartzeux, très-peu coquillier, analogue par conséquent à celui des Landes, il s'accumule vers les côtes méridionales, et constitue des dunes ou des collines ainsi que des bancs sous-marins. Il provient principalement des fleuves qui, pour la plupart (Tamise, Escaut, Meuse, Rhin, Elbe), traversent des bassins arénacés, où les sables tertiaires et quaternaires sont développés, et qui, dans une mer peu profonde et peu agitée par les marées, forment aisément de larges deltas vers leurs embouchures. Des dépôts de sables sont encore produits soit par le flot des marées qui vient de la Manche à travers le Pas de Calais, soit par le ralentissement des courants marins littoraux à leur rencontre mutuelle sur les côtes d'Angleterre. La vase et le sable vaseux se montrent au golfe de Murray et près des Shetland, où nous les avons déjà signalés ; au golfe d'Édimbourg ; au large de Bedford et d'Hartlepool, où affleurent le trias et le lias ; à l'embouchure de la Tamise, en prolongement de l'argile de Londres. La vase manque près des Pays-Bas et du Jutland, mais elle reparaît dans le Sund, le Skager-Rack et près de la Norwége, où elle provient sans doute de l'affleurement sous-marin des schistes paléozoïques. Elle forme aussi vers le milieu de la mer du Nord de grands bancs irréguliers et une zone parallèle au Jutland ; quoique l'épais manteau diluvien, qui recouvre les rivages du S.-E., laisse mal reconnaître l'allure des terrains, cette vase paraît due aux argiles tertiaires d'Ostende et de Londres. Les dépôts coquilliers sont très-rares dans le sud ; ils ne se développent que sur les fonds sableux du nord, et surtout entre Édimbourg et Stavanger, par des profondeurs ordinairement inférieures à 200 mètres et même à 100 mètres.

Mer Baltique. — La mer Baltique n'a qu'une salure très-faible en raison des nombreux cours d'eau qui s'y déversent [1]. De puissants courants, aidés par les vents dominants, en entraînent les eaux vers le sud dans la mer du Nord. Sa profondeur est très-minime : les golfes de Bothnie et de Finlande n'ont guère que 100 mètres. Ce dernier, longue vallée sous-marine, communiquait autrefois avec la mer Blanche, à travers les lacs de Ladoga et d'Onéga ; c'est encore sur son prolongement, entre Stockholm et Gottland, que la sonde a atteint la cote maximum de 280 mètres. Les rivages sont partout plats et doucement inclinés, excepté au S.-O. de la Scandinavie, où le voisinage des montagnes les rend abrupts et escarpés. C'est surtout dans ces parages, mais aussi près des îles, Gottland, Dago, Aland, dans le golfe de Livonie et près de la Finlande, que les fonds rocheux sont largement développés. L'argile occupe une grande surface, par suite de l'affleurement des schistes siluriens, dans les détroits, le long de la côte suédoise et dans le golfe de Bothnie. Des cordons de galets, à 50 mètres au moins de profondeur, sont parallèles au rivage de la Suède et antérieurs à l'époque actuelle. Le sable forme des bordures près du littoral et autour des îles (Gottland, Œsel, Bornholm) ; il constitue aussi de vastes plages (Poméranie, Courlande et Livonie), grâce surtout aux fleuves qui charrient les débris quartzeux des roches scandinaves ou qui apportent le produit de la dénudation des bassins arénacés de la Russie et de l'Allemagne (Dwina, Niémen, Vistule, Oder). La vase occupe généralement le centre de la Baltique, mais non pas les parties les plus profondes ; elle se montre notamment au N.-E. de Lubeck, entre Dantzig et la Finlande, dans les golfes de Bothnie et de Livonie, et dans les détroits du Sund, du Grand et du Petit-Belt. Les mollusques, les bryozoaires et les nullipores se rencontrent surtout vers le Danemark et la mer du Nord, où la salure augmente ; à l'entrée du golfe de Finlande, la faune marine descend dans les profondeurs pour chercher des eaux plus salées ; au delà, la faune lacustre peuple seule les plages de la Bothnie et de la Finlande. Depuis la publication de l'ouvrage de M. De-

---

1. La salure n'est que de 3,05 pour 100 à Skagen ; 1,74 à Malmoë ; 0,75 à Bornholm ; 0,6 à Aland ; elle diminue encore dans le fond des golfes de Finlande et de Bothnie.

lesse, MM. Meyer, Mobius, G. Karsten et une commission de savants allemands ont fait des recherches intéressantes sur le régime
des eaux de la Baltique et sur la faune de cette mer.

Mer Blanche. — Largement ouverte dans l'océan Glacial, la
mer Blanche est moins profonde à l'entrée (50 mètres), que du côté
du continent (100 mètres dans le golfe de la Dwina et 300 mètres
dans celui de Kandalaks). Les fonds de roches sont très-étendus
dans le golfe d'Onéga, à l'est de Pialicka, etc. Ils relient la presqu'île de Laponie au continent, tandis que les golfes de la Dwina
et de Kandalaks dessinent une dépression parallèle aux principales rivières. Le sable, très-abondant dans l'océan Glacial, ne
se montre ici que près des rivages, et la vase domine, sans doute
parce que la mer Blanche, plus profonde que l'Océan, sert de bassin
de décantation à ses rivières et garde sur son fond toute la boue
qu'elles charrient à l'époque des fontes de neige. Les débris
coquilliers sont souvent très-nombreux sur les dépôts sableux,
surtout vers le 68° lat.

Presque toutes les mers de l'Ancien Continent sont plus profondes vers le sud et reçoivent leurs principaux affluents vers le
nord. Mais les unes, telles que la Caspienne, l'Adriatique et la
Baltique, doivent à leurs grands fleuves des eaux peu salées et
de puissantes accumulations de sables; tandis que les autres,
comme la mer Noire, la Méditerranée et aussi la mer Blanche,
n'ont que des dépôts arénacés très-restreints, et sont au contraire
envahies par la vase.

IV. *Les mers du Nouveau-Monde.* — Le continent américain se
compose de deux massifs triangulaires, allongés du N. au S. et
bordés de chaînes montagneuses. Les Alleghanys dans les États-
Unis, les hauts plateaux du Brésil terminent le continent vers
l'Atlantique, tandis que les chaînes les plus élevées, les Monta-
gnes-Rocheuses et les Andes, limitent ses rivages vers l'océan le
plus vaste et le plus profond. Le réseau hydrographique est largement développé sur le versant de l'Atlantique, tandis que sur
le versant du Pacifique les plaines sont resserrées au pied des
montagnes; aussi le drainage du continent se fait-il presque entièrement vers l'Atlantique. Les bassins les plus étendus sont,
dans l'Amérique du Nord, ceux du Mississipi, du Saint-Laurent
et de la rivière de Mackensie; dans l'Amérique du Sud, ceux du

Parana, de l'Amazone et de l'Orénoque. En outre, de grands plateaux, comme ceux d'Utah et du Mexique, restent fermés et sans communication avec les océans. La profondeur est faible dans les mers arctiques ; mais dans le Pacifique et l'Atlantique, elle est en général considérable, même près du littoral. Cependant, sur les côtes orientales des États-Unis principalement, on reconnaît les contours d'anciens rivages qui forment aujourd'hui des terrasses sous-marines. Une immense dépression, plus profonde que la hauteur de l'Himalaya, s'allonge de l'O. à l'E., au sud de Terre-Neuve. La pluie, amenée par les vents d'est, arrose le continent américain, dont les hautes chaînes longent le littoral occidental[1]. Elle se répartit symétriquement autour du massif des Alleghanys et arrive encore abondante dans la vallée du Mississipi. Dans ces conditions, la végétation forestière se développe aisément, surtout vers l'Atlantique[2]. Les régions équatoriales reçoivent naturellement le maximum de pluie, et les grandes crues de leurs fleuves produisent d'énergiques dénudations. La pluie diminue ensuite à mesure qu'on se rapproche des pôles. Le Gulf-Stream, dont les eaux chaudes contournent le golfe du Mexique, remontent jusqu'à Terre-Neuve et s'infléchissent vers l'Europe, est, dans l'Atlantique, le plus important des courants marins. Un contre-courant froid vient du pôle, passe plus près des côtes et s'écoule au-dessous du précédent. Enfin, la direction des marées, parallèles au continent dans l'Atlantique et perpendiculaires aux rivages sur le Pacifique, puis l'orientation des vents dominants, permettent de juger comment se répartissent les matériaux arrachés par les vagues ou apportés par les fleuves. La carte lithologique des mers de l'Amérique du Nord présente ces renseignements multiples avec toute la richesse et l'exactitude de détails que comporte l'état actuel des recherches. Elle indique par des teintes conventionnelles la nature minéralogique des divers fonds, quel que soit leur âge, et la répartition des dépôts coquilliers ou des récifs de polypiers. Avant d'examiner, en suivant le littoral, la mer des Antilles, l'Atlantique, les mers boréales et l'océan Pacifique, rappelons en quelques mots ce que révèle l'étude des lacs du haut Saint-Laurent.

1. Dana, *Manual of Geology*, New-York, 18·1, p. 24-25.
2. *Idem*, p. 46-47.

Lacs. — Les grands lacs américains ont tous la forme d'entonnoirs allongés et irréguliers; leur profondeur, bien moindre que celle du lac Majeur (850 mètres), est encore considérable : 240 mètres au lac Supérieur; 250 mètres au lac Huron; 70 mètres au lac Érié, et notablement plus pour le lac Ontario. L'argile, affleurement des schistes paléozoïques, constitue une grande partie de leurs parois; on y remarque aussi des roches pierreuses; enfin, les dépôts actuels sont le sable, en bordure près des rivages, le gravier parfois, et, vers le centre, la vase souvent entourée de sable vaseux. Quant aux coquilles, elles sont quelquefois si abondantes que les bancs d'Unio et d'Anodontes sont exploités pour marner les terres [1].

Mer des Antilles. — Comprise entre la chaîne des îles qui lui donnent son nom et la presqu'île de Yucatan, la mer des Antilles remplit un bassin dont la bordure orientale est discontinue, et que traverse, de Porto-Rico au golfe de Costa-Rica, une longue et étroite vallée. La profondeur, très-grande déjà au N.-E., près des Antilles, dépasse 4,000 mètres près de l'isthme Darien. Des fonds rocheux bordent les îles et les côtes montagneuses; les polypiers élèvent leurs récifs principalement entre la Jamaïque et la baie des Mosquitos, entre Cuba et le Honduras. La vase, associée à l'argile, se rencontre près de l'isthme; le sable recouvre non-seulement des zones littorales, mais aussi de larges espaces (S.-O. de Cuba, baie des Mosquitos), et surtout un grand nombre de bancs peu profonds. Ces bancs, élevés par les polypiers, supportent une véritable arène corallienne et sont entourés souvent de vase blanche. Celle-ci, très-riche en carbonate de chaux, provient de leur trituration et donne par sa consolidation soit une marne, soit un calcaire, suivant le degré de sa pureté. Les frag-

---

1. Le Grand-Lac salé a été étudié par MM. Cyrus Thomas et F.-V. Hayden (*Preliminary Report of the United States Geological Survey*; 1871, p. 233). La densité de ses eaux est 1,170, et le résidu d'évaporation s'élève à 22,422 p. 100. Il donne à l'analyse :

Na Cl.	Na O SO^3.	Mg Cl.	Ca Cl.	SOMME.
20 196	1.834	0.252	traces.	22.282

Pour la mer Morte, la densité est 1,028 et le résidu d'évaporation 21,077 pour 100.

ments des mêmes récifs, agglutinés par des infiltrations carbo-
natées, ou même sur la plage par les résidus de l'évaporation
rapide des eaux, constituent un calcaire bréchiforme. La vase
proprement dite se montre encore sur les côtes méridionales
formées par les argiles tertiaires, le long de l'isthme de Nicara-
gua, enfin entre Cuba et l'île des Pins. Les polypiers sont peu
développés vers l'Amérique du Sud parce que les eaux sont
moins pures sur les fonds de vase. Quant aux bancs coquilliers,
ils sont assez nombreux dans la mer des Antilles, et ils s'étendent
sur les plages sableuses.

Golfe du Mexique. — Le golfe du Mexique, sorte d'entonnoir
oblique, profond de 3,000 mètres au N.-E., est contourné par le
Gulfstream et le courant du Labrador qui peut amener, par le canal de Bahama, les détritus des polypiers de la Floride. Les roches
antérieures à l'époque actuelle sont peu importantes, à l'exception
d'une zone d'argile qui dessine l'affleurement sous-marin des argiles tertiaires à lignites de l'embouchure de Mississipi. Le sable,
tantôt fin, tantôt grossier, mélangé de coquilles, est au contraire
très-développé, non-seulement près des côtes, mais sur des surfaces qui s'étendent jusqu'à 350 kilomètres du rivage et sous 150 mètres d'eau. La vase occupe les parties profondes et remonte près
du littoral, dans le golfe de Campêche, à la Vera-Cruz et aux
bouches du Mississipi. Autour du Yucatan et de la Floride, elle
est blanche, calcaire, composée de débris de foraminifères ou de
polypiers. A l'ouest de la Floride et au sud-ouest de Campêche,
les dépôts coquilliers sont particulièrement étendus. Quant aux
coraux, leurs récifs bordent les côtes, surtout vers les deux en-
trées du golfe, ou constituent au large des hauts fonds (bancs
Alacrane, las Armas...) et des îles (Tortugas, Berjema...) Ils
manquent aux abords du delta du Mississipi, soit par le défaut
de salure des eaux, soit plutôt par la variation de leur température suivant les saisons.

Océan Atlantique américain. — Indépendamment du
Gulf-Stream et du courant de Labrador, qui l'un et l'autre transportent des sédiments dans l'Atlantique le long du littoral américain, les glaces flottantes apportent aussi les roches et les boues
du pôle jusqu'au 40° degré de latitude. Une terrasse sous-marine,
à la profondeur de 100 ou 200 mètres, dessine les sinuosités de
la côte, de la Floride au Labrador. Très-étroite au sud, elle s'é-

largit beaucoup vers Terre-Neuve; sur les bords, la pente s'accroît brusquement et descend vers le profond bassin de l'Atlantique, qui s'allonge de l'O. à l'E., suivant le 38e parallèle et au milieu duquel surgissent seuls les îlots des Bermudes. Au nord des Antilles, la sonde accuse une pente rapide et une grande profondeur, tandis que, vers la Floride, les Bahama reposent sur des plateaux qui rejoignent le continent. La vallée large et profonde de l'Atlantique semble, dans sa forme générale, un des grands traits primitifs de l'orographie du globe.

Vers Bahama et les Antilles, les fonds rocheux, assez développés, sont presque uniquement des récifs calcaires de polypiers; de New-York au Labrador, surtout vers la Nouvelle-Écosse et Terre-Neuve, ce sont les roches des diverses formations géologiques. L'argile s'étale à l'est de la Floride; ailleurs elle n'est signalée que par lambeaux. Des galets, indices évidents d'anciens rivages, se présentent à Georgetown et au sud de la Nouvelle-Écosse. Enfin, le gravier apparaît sur les bancs qui longent les côtes vers le nord. Les dépôts actuels sont essentiellement sableux; ils constituent une zone continue et très-large (200 kilomètres) de la Floride à la Géorgie; là le sable est pénétré de glaucònie et descend jusqu'à 100 mètres, au bord de la vase crayeuse qui se dépose sur le cours du Gulf-Stream. La vase se montre à peine, même au large; il faut s'avancer jusqu'à Terre-Neuve pour la voir occuper de vastes étendues, bien que le sable qui entoure les îles (Prince-Édouard, Terre-Neuve) s'avance encore très-loin des côtes et recouvre les bancs si nombreux dans ces parages (George-Shoals, La Have, Sambro, Banc-Moyen, Grand-Banc). Quoique les apports des courants et des glaces flottantes aient pu fournir un contingent à ces formations sableuses, elles paraissent plutôt dues à la destruction des plateaux eux-mêmes, et leur extension à des profondeurs considérables tend à en faire reporter l'origine aux âges antérieurs. Plus loin du continent, la vase s'étale surtout autour du Grand-Banc, en face le Saint-Laurent et aux abords de la baie d'Hudson; elle contourne même, au sud, la Nouvelle-Écosse et s'allonge vers Newport. Il est visible que la distribution des fonds vaseux est en relation étroite avec la constitution géologique des côtes; ils se montrent partout où celles-ci sont schisteuses ou argileuses; ainsi ils apparaissent même dans la baie de Fundy, balayée par les plus hautes marées connues. C'est donc probablement à l'extension sous-marine des schistes laurentiens et siluriens qu'il faut attribuer le développement de la vase, depuis l'embouchure du Saint-Laurent jusqu'à Rhode-Island. Quant à la vase calcaire, sorte de craie moderne[1] dont la faune présente des espèces identiques en Amérique et en Europe, elle s'accumule dans les grandes profondeurs de l'Atlantique, sous le Gulf-Stream et près des récifs de polypiers. Ceux-ci, dont les courants chauds sortis du golfe du Mexique permettent l'extension jusqu'aux Bermudes, forment, surtout dans les eaux des Bahama, des îles, des hauts fonds et des bancs remarquablement développés. La trituration de leurs débris donne soit une arène calcaire, soit une oolithe corallienne, ou même une vase crayeuse qui, sur le Grand-Banc, s'élève jusqu'au niveau de l'eau. Les dépôts coquilliers sont très-abondants sur la terrasse sableuse de la Floride à la Géorgie, aux Carolines et au New-Jersey, tandis que les foraminifères (globigérines) pullulent sous le Gulf-Stream avec des coraux et des échinodermes, très-voisins des types crétacés et tertiaires. Enfin, dans l'archipel de Bahama et surtout dans l'Atlantique (mer de Sargasse), les plantes marines, les fucus notamment, donnent d'immenses prairies flottantes.

Mers arctiques. — Malgré les difficultés spéciales de la navigation dans les latitudes élevées, l'orographie et la lithologie des mers arctiques peuvent être esquissées, grâce aux travaux des marins anglais et américains. La profondeur paraît en général minime, même à distance des côtes ; ainsi les sondages restent inférieurs à 200 mètres dans la mer d'Hudson, autour de l'île Melville et

---

1. La vase recueillie dans l'Atlantique à la profondeur de 4.454 mètres, par 40° 38′ latitude et 12° 8′ longitude, a été analysée par M. John Hunter (*Journal of the chemical Society*, mai 1870). Débarrassée du sel marin qui l'imprégnait, et desséchée sous forme d'une craie blanche, avec organismes calcaires ou siliceux, elle contenait sur 100 parties : carbonate de chaux, 61,34 ; carbonate de magnésie, 4,00 ; silice, 23,36 ; alumine, 5,31 ; peroxyde de fer, 5,91. (*Revue de Géologie*, t. IX, p. 507.) La vase abandonnée par le Gulf-Stream a donné à l'analyse : carbonate de chaux, 85,62 ; carbonate de magnésie, 4,26 ; phosphate de chaux, 0,18 ; silice, 1,52 ; peroxyde de fer, 0,31 ; eau et matières organiques, 8,15. Elle est aussi riche en carbonate de chaux que la craie elle-même, tandis qu'une vase de l'Atlantique européen ne contient que 60 pour 100 de carbonate de chaux ; c'est alors une marne calcaire (*Quarterly Journal, Geological Society*, 1871).

sur le littoral sud de l'océan Glacial jusqu'au détroit de Behring.
Au contraire, la vallée de l'Atlantique se continue très-profonde
(3,500 mètres dans la baie d'Hudson; 2,000 mètres au cap Brown)
et très-nette entre l'Amérique et le Groënland. Les fonds de
roches sont nombreux, surtout dans le prolongement des côtes et
à l'ouverture des détroits. Le sable, dans les méditerranées arctiques, n'occupe que des zones restreintes, le long des rivages.
Cependant il s'étale sur la côte du Groënland, autour des îles
Cumberland et Southampton, et dans l'océan Glacial, du cap
Bathurst au détroit de Behring. Souvent les débris de coquilles
deviennent abondants (île de Southampton, canal de Fox), et
même jusqu'au 77° degré de latitude (détroit de Smith). Mais
c'est la vase qui constitue véritablement le fond des mers arctiques, non-seulement au large, mais près des rivages et jusque
dans les détroits. Cette extension exceptionnelle de la vase dans
des mers peu profondes provient, suivant M. Delesse, de diverses
causes : le développement des terrains paléozoïques schisteux,
attaqués par les vagues; l'érosion continue produite par les glaciers qui, incomparablement plus puissants que ceux de nos Alpes,
réduisent les roches en boue glaciaire; la présence, constante ou
temporaire, de grandes calottes de glaces emprisonnant les eaux
et favorisant la précipitation des limons; la perte de vitesse du
Gulf-Stream, qui monte vers les mers arctiques où son mouvement
se ralentit, et où il doit tendre à déposer les matières très-tenues
qu'il entraîne vers lui; enfin, la conformation des terres et des
îles séparant les mers arctiques en bassins fermés. Sans aucun
doute, ces mêmes causes engendrent des effets analogues autour
du pôle austral, et tout semble indiquer qu'aux époques géologiques anciennes, comme à l'époque actuelle, la vase s'est
également accumulée vers les pôles pour y constituer des roches
argileuses.

Océan Pacifique. — L'Océan Pacifique est beaucoup moins
connu. On sait que la côte montagneuse se prolonge sous les eaux
par des fonds rocheux, toujours peu étendus, qui entourent aussi
les îles. Le gravier est rare et le sable s'allonge en une zone continue mais étroite, parce que la profondeur de l'Océan s'accroît
rapidement vers le large. La vase occupe les grands fonds,
notamment le golfe de Panama; elle s'approche du littoral partout où affleurent des roches schisteuses ou argileuses (détroit

B.

4

de Géorgie, île Vancouver, baie de San Francisco [1]). Les dépôts coquilliers se rencontrent sur quelques plages sableuses; mais leur rareté sur le Pacifique, comparée avec leur abondance sur l'Atlantique, s'explique aisément par l'escarpement des rivages et par l'absence de terrasses sous-marines.

III

LES MERS ANCIENNES.

1. *Considérations générales sur la restauration des mers anciennes.* — Appliquer à l'étude des formations géologiques anciennes les résultats de l'examen lithologique des mers actuelles et reconstruire ainsi, à l'aide des données de la géologie et par la comparaison des dépôts synchroniques, la *paléogéographie* du globe, serait le complément naturel des intéressants travaux que nous venons de résumer. Malheureusement les documents fournis par l'observation sont loin d'être assez riches pour autoriser un essai de ce genre sur l'ensemble des continents. Aussi M. Delesse s'est-il borné à tenter, pour la France seule, cette reconstruction du passé.

Les dépôts synchroniques ont présenté, aux âges géologiques, comme à l'époque actuelle, des différences dont nous avons analysé les causes et qui souvent permettent, dans les couches an-

1. D'après les sondages exécutés récemment par le commandant Belknap pour la pose d'un câble télégraphique entre la Californie et le Japon, le lit de l'Océan est relativement uni jusqu'aux Sandwich; mais au delà les laves volcaniques se montrent en abondance avec le corail et le sable. Toute la région semble avoir subi des commotions volcaniques; et la sonde révèle l'existence de chaînes sous-marines avec de nombreux pics, souvent fort élevés (7 000 à 12 000 pieds), dont l'île Marcus est l'une des cimes (*Bulletin de l'Association scientifique de France*, 13 décembre 1874).

Dans le port de Nouméa (Nouvelle-Calédonie), se dépose une vase verdâtre analysée par MM. Périer et P. Fischer. Elle est riche en coraux, en mollusques et en foraminifères; elle contient sur 100 parties : carbonate de chaux, 73; quartz et argile verdâtre, 18; eau, 7; matières organiques, 2. (*Revue de Géologie*, t. IX, p. 507.)

ciennes, de distinguer les formations littorales ou les dépôts de
haute mer ; de préciser le rôle des êtres vivants, polypiers, mollusques ou foraminifères ; de reconnaître enfin l'origine méca-
nique ou chimique des masses minérales, etc... Néanmoins on
rencontre dans la restauration des mers de grandes difficultés : l'absence de fossiles ; la discontinuité des assises, par-
tiellement enlevées par l'érosion ou disloquées à diverses reprises par le soulèvement des montagnes ; le métamorphisme,
c'est-à-dire les changements intimes produits dans la structure
et dans la nature minéralogique des sédiments par les actions
dynamiques et par les phénomènes éruptifs ; les ravinements
et les dénudations, effets nécessaires de flots diluviens d'autant
plus fréquents et plus énergiques que le relief est plus tour-
menté, etc... Il faut donc se résoudre à laisser dans le doute
plus d'un détail et à tracer seulement des esquisses, dont les
études subséquentes devront compléter ou rectifier les contours.

II. *La France aux diverses époques géologiques.* — Mer silurienne. — Le terrain silurien tire son nom du pays des anciens
Silures (comtés de Shrop, Hereford et Radnor, au pays de Galles),
où il a été d'abord étudié par Murchison ; il a ensuite donné lieu
aux célèbres travaux de M. J. Barrande, en Bohême. Dans ces
deux contrées on y a tracé trois divisions : les schistes et les
grès prédominent dans les deux premières ; mais, dans la troi-
sième, le calcaire abonde. En France il en est autrement : les
schistes, les poudingues et les grès constituent, à l'exclusion du
calcaire, toute la série silurienne, comme l'indique, pour la
Normandie et la Bretagne, le tableau suivant emprunté aux
mémoires de P. Dalimier[1].

1. Sur les grès, encore mal connus, qui constituent le terrain silurien et le
terrain dévonien, au nord du département d'Ille-et-Vilaine, voir une intéres-
sante étude de M. Delage, insérée au *Bulletin de la Société géologique de France,*
3e série, tome III, 1875, p. 368 et suiv.

TERRAINS.	NORMANDIE.	BRETAGNE.
Silurien supérieur.	Schistes à *Cardiola interrupta* de Saint-Sauveur-le-Vicomte.	Schistes de Saint-Jean-sur-Erve.
Silurien moyen.	Grès de May. Schistes à *Graptolites colonus* de Mortain.	Grès de Gahard. Schistes à *Graptolites colonus* de Poligné.
	Grès sans fossiles.	
	Schistes à *Calymene Tristani* (Mortain, Siouville, Falaise).	Schistes à *Calymene Tristani*, et grès associés. (Souvent minerai de fer à la base).
Silurien inférieur.	Grès blancs à *Scolithus linearis* et à lingules.	
	Poudingues de Clécy. Schistes de Thorigny et de Coutances.	Schistes rouges et poudingues feldspathiques. (Grauwacke lie de vin et grès pourprés.)
Cambrien.	Phyllade de Saint-Lô.	Phyllades vertes avec grès.
	Schistes métamorphiques et gneiss.	

Les plus anciens systèmes de montagnes, ceux de la Vendée, du Finistère, du Longmynd et du Morbihan, ont successivement accidenté la Bretagne et en ont émergé les premiers sédiments avant la période silurienne à laquelle le système du Westmoreland a mis fin, en relevant encore la presqu'île armoricaine. De plus, les étages moyen et supérieur n'apparaissent qu'en lambeaux peu étendus : l'émersion était donc déjà presque complète à la fin du silurien inférieur. Ainsi la Bretagne était dans les mers de cette époque primitive un archipel granitique en voie d'exhaussement. Il est naturel alors que les roches paléozoïques présentent très-peu de calcaires purs, qui sont des dépôts de haute mer, et au contraire offrent en abondance des formations de rivages, telles que conglomérats et grès, poudingues et arkoses feldspathiques, comme ceux qu'engendre aujourd'hui la décomposition des granites sur les côtes de la Bretagne. Quant aux schistes, qui sont développés sur une immense épaisseur, ils proviennent peut-être d'éruptions boueuses sous-marines, mais surtout de la trituration de roches granitiques qui ont donné une vase argileuse, très-alcaline, que la compression a rendue lithoïde et schisteuse. Bien que les couches aient été fortement métamorphisées, on reconnaît au terrain silurien les mêmes allures et des caractères analogues, soit dans les Ardennes, soit dans les Pyrénées ; ces deux régions étaient vraisemblablement, comme la Bretagne, des archipels dans des mers peu profondes.

Mer dévonienne. — Le terrain dévonien s'est formé en France dans des conditions très-variables, qui rendent les dépôts difficiles à comparer entre eux ou à assimiler aux formations synchroniques des pays voisins. La paléontologie fournit les meilleurs indices pour établir des relations que M. Delesse résume ainsi :

FRANCE.		BELGIQUE.	BORDS DU RHIN.
Calcaires, psammites et argiles de Ferques.	Bas-Boulonnais.	Psammite du Condros. Schistes de la Famenne. Schistes et calcaires de Frasnes.	Schistes à *Spirifer Verneuilli.* Marnes schisteuses à Cypridines.
Calcaires de Givet et de Couvin.	Ardennes.	Calcaires de Givet et de Couvin.	Calcaires de l'Eifel.
Schistes à spirifers. Calcaire de Néhou. Grès et schistes verdâtres.	Cotentin.	Poudingue de Burnot. Système Ahrien. — Coblentzien. — Gédinnien.	Grauwacke de Coblentz.

A Néhou, l'étage dévonien inférieur, comme dans l'Ille-et-Vilaine, la Sarthe et la Mayenne, est beaucoup plus riche en calcaire que celui de la Belgique. Sur les bords de la Loire, vers Angers, il remplit un golfe étroit ; ses éléments sont empruntés aux roches granitiques ou paléozoïques qui en constituaient alors les rivages, et les nombreuses alternances de grès, de schistes et d'anthracite montrent combien d'oscillations ont tour à tour émergé ou affaissé les rives marécageuses du golfe. Le dévonien moyen est partout fort riche en calcaire (calcaire de Givet, de Couvin et de l'Eifel), et présente le caractère d'un dépôt pélasgique. Quant au dévonien supérieur, dans le Bas-Boulonnais comme aux Pyrénées, il comprend, avec des schistes et des argiles, des calcaires très-fossilifères (Ferques), souvent métamorphiques (Campan, Caunes, Neffiès). Les poudingues et les grès grossiers, très-développés déjà à Burnot (Belgique), ont encore plus d'importance dans le vieux grès rouge du Pays de Galles, où ils forment, sur une épaisseur de 3,000 mètres et avec des assises lacustres intercalées, le dépôt d'une mer très-agitée. D'après M. Dewalque le système du Hundsrück a disloqué le terrain dévonien et délimite la base de son étage supérieur.

Mer carbonifère. — Le terrain carbonifère type comprend trois divisions, que terminent les trois systèmes des Ballons, du Forez et du nord de l'Angleterre, mais qui, par leur nature, montrent comme fait général une élévation continue du fond de la mer durant toute cette période : 1° le calcaire carbonifère, formation de mer profonde ; 2° le grès houiller, dépôt de vives eaux, associé à des poudingues et des conglomérats à grands éléments, à des arkoses granitiques et même à des végétaux qui dénotent déjà un caractère littoral ; 3° le terrain houiller, alternances répétées de schistes déposés dans des eaux tranquilles, de grès dus à des flots plus agités, et enfin de couches charbonneuses comme celles des tourbières. Ces alternances indiquent des affaissements et des exhaussements, plusieurs fois renouvelés, qui transformaient des bras de mer en lagunes marécageuses, couvertes d'une abondante végétation terrestre et habitées par des reptiles. D'ailleurs ces oscillations ont eu souvent assez d'amplitude pour ramener un vrai calcaire carbonifère par-dessus le terrain houiller (Denain), ou pour intercaler, dans les couches de combustibles, de puissantes assises de grès grossier (Roanne, Sablé, Namur). Les caractères des deux premiers étages carbonifères sont au surplus beaucoup moins constants que ceux du terrain houiller.

NEWCASTLE.	BELGIQUE.	DÉPARTEMENT DE LA LOIRE.
III. Coal-Measures.	Terrain houiller proprement dit.	Terrain houiller proprement dit.
II. Millstone-Gritt.	Ampélite, avec phtanite, quartz jaspé, quartzite et psammite.	Terrain houiller inférieur, ou grès anthraxifère du Roannais.
I. Mountain-Limestone.	Calcaire carbonifère, avec dolomie, phtanite, anthracite à la partie supérieure.	Groupe calcaréo schisteux. Groupe quartzo-schisteux (?).

La mer du calcaire carbonifère couvrait les Iles-Britanniques, la Belgique et le Bas-Boulonnais ; mais ici, comme à Coutances et à Sablé, la présence du grès et du combustible indique le rapprochement du rivage et ses oscillations fréquentes. Au nord du Plateau central, si bien étudié par M. Grüner, le calcaire carbonifère est très-net, quoique fort réduit (Regny). Il est associé à des schistes, des grauwackes et des poudingues qui constituent presque tout l'étage, et prouvent que la formation s'est effectuée dans un golfe aux dépens des roches schisteuses ou cristallines préexistantes, dont la destruction plus ou moins complète a donné tantôt une vase alcaline produisant de l'argilite, tantôt des conglomérats feldspathiques. Il en est de même dans les Vosges, où le métamorphisme a provoqué le développement de cristaux de feldspath anorthose dans des grès contenant des productus et des fossiles caractéristiques du carbonifère.

Le grès houiller de l'étage moyen est plus constant; cependant il varie aussi avec le bassin auquel il a emprunté ses éléments. Ainsi, il est argileux sur les flancs de l'Ardenne où dominent les roches schisteuses; il est au contraire feldspathique et comparable à un tuf porphyrique au milieu des granites et des porphyres du Roannais, qui en ont fourni les matériaux.

Enfin le terrain houiller est, comme nos tourbières actuelles, remarquable par l'uniformité de ses caractères. Il provient de marécages dont le fond, imperméable et vaseux, recevait, quelquefois sur une épaisseur immense (de 4,500 mètres à Saint-Étienne, de 3,000 mètres en Belgique, etc...), les accumulations de débris végétaux; ces marécages bordaient sur de grandes étendues les rivages maritimes (Nord de la France, Belgique), ou bien s'allongeaient au fond des vallées granitiques, dans des dépressions situées au milieu des terres et jusque sur les montagnes (Plateau central).

Mer permienne. — Le synchronisme des formations permiennes est particulièrement difficile à reconnaître en France, où elles sont extrêmement pauvres en fossiles. Bien développé autour des Vosges et de la Forêt-Noire, le dernier des terrains paléozoïques se retrouve encore à Autun, à Lodève, dans l'Aveyron, au S.-O. du Plateau central et, près de Saint-Jean-de-Luz, à la montagne de la Rhune. En le comparant au type de la Thuringe, Élie de Beaumont en a donné le tableau suivant :

VOSGES.	THÜRINGE.
Grès vosgien. Couches irrégulières de dolomies.	Stinkstein avec gypse et marnes supérieures, Zechstein ou calcaire magnésien. Schiste cuivreux.
Grès rouges.	Rothe todte liegende.

Le premier étage est un grès, ordinairement coloré en rouge par l'oxyde de fer, alternant avec des porphyres, des spilites, des argilophyres, des argilolites et des conglomérats bréchiformes. Il s'est constitué dans des bassins très-inégaux, et aux dépens des roches porphyriques voisines, qui, parfois, ont fait éruption, ainsi que l'argilolite, pendant le dépôt du grès (Saint-Dié, Giromagny, le Donon et la Thuringe). Les argiles rouges, dues soit à des éruptions boueuses, soit à des actions diluviennes, rappellent les argiles à silex des plateaux parisiens. Des plantes terrestres, des troncs d'arbres silicifiés (val d'Ajol), prouvent que le grès rouge a pris naissance près des rivages, sur les flancs rocheux des Vosges ou du Thuringerwald, et, en certains points même, dans des dépressions lacustres.

Les calcaires magnésiens si puissants de la Thuringe ne sont guère représentés dans les Vosges que par des rognons ou de minces couches de dolomies. Mais au-dessus vient le grès vosgien. Essentiellement quartzeux, associé à des galets, presque dénué de débris feldspathiques et de fossiles, il présente tous les caractères du dépôt littoral d'une mer assez profonde et très-agitée. Il en est de même dans le Var et les Pyrénées occidentales. Il est permis de considérer le zechstein comme en partie synchronique du grès des Vosges. C'est en effet un calcaire marin, avec des brachiopodes (productus et spirifers) qui habitent les mers profondes (Thuringe, Aveyron, Autun). C'est donc le dépôt pélasgique de la mer permienne, dont le fond s'est relevé vers l'Allemagne, où les calcaires se terminent souvent par des gypses et des assises lacustres. Dans les Iles-Britanniques, la rareté ou l'absence du calcaire et le développement encore plus puissant des grès et des conglomérats (Comtés de

Shrop et de Stafford, Cumberland, Écosse) prouvent la violente agitation des eaux que les émanations ferrugineuses rendaient du reste impropres à la vie.

C'est le système du Hainaut qui, d'après M. Dewalque, a marqué la fin de l'époque houillère, tandis que le système du Rhin a inauguré l'âge du trias, en émergeant le grès des Vosges et en séparant cette chaîne de la Forêt-Noire par la vallée du Rhin.

Mer triasique. — Les Vosges et l'Ardenne, le Plateau central et la Bretagne formaient après l'époque permienne de grandes terres émergées au sein de la mer, qui baignait en outre de nombreux ilots vers les Corbières, les Pyrénées, le Morvan et les Alpes. Les dépôts triasiques sont en partie littoraux et même lacustres, en sorte qu'ils présentent d'un point à l'autre une grande variété dont les coupes suivantes offrent des exemples :

TERRAINS.	HAUTE-SAONE.	MONDORFF PRÈS THIONVILLE.	SOUABE (D'ALBERTI).	CENTRE ET OUEST DE L'ANGLETERRE.
Marnes irisées....	80m	206m	Keuper supérieur.... (Bonebed). Keuper moyen.... Keuper inférieur.... (Lettenkohle). } 280m	Marnes grises ou rouges, avec grès.... } 152m (à 457m) Waterstones, grès avec argiles schisteuses et brèche calcaire.... } 15m à 90m
Muschelkalk....	15m	142m	Calcaire de Frederichs-hall.... 90m Groupe de l'anhydrite avec gypse et sel.. 110 Wellenkalk.... 60 } 260m	Le muschelkalk manque.
Grès bigarré....	15m	311m	Grès bigarré.... } 432m	Grès bigarré supérieur, 0m à 122m Poudingues.... 0m à 152m Grès bigarré inférieur, 0m à 152m
Grès Vosgien....	15m		Grès Vosgien....	

Le grès bigarré est un sable quartzeux, pailleté de mica, mélangé d'argilite et coloré par l'oxyde de fer; les fossiles sont assez rares, du moins à la base, mais les végétaux terrestres y abondent. Ce grès s'est donc formé sur des côtes couvertes de végétation, et dans des eaux très-agitées, où le quartz a le mieux résisté à la trituration que subissaient les roches feldspathiques. Il varie du reste avec la constitution minéralogique des rivages sur lesquels il s'est déposé : vers le Cotentin il est associé à des poudingues quartzeux et sa nature est plus argileuse, soit parce que la baie était tranquille, soit parce que les éléments étaient fournis par des schistes paléozoïques à filons de quartz. Au nord du Plateau central et à l'est du Morvan, au voisinage des roches feldspathiques, il passe à l'arkose, et de même autour des granites des Maures ou des porphyres de l'Esterel; enfin il contient accidentellement de la dolomie (Saint-Avold), du calcaire (Cotentin) ou des couches lacustres de gypse et de sel gemme (Aveyron, Belfast). Il n'acquiert une grande épaisseur qu'au fond des golfes découpés dans les montagnes (Trèves, Deux-Ponts, Saône-et-Loire). Enfin, par son extension, il est comparable aux dépôts sableux de la mer du Nord et de la Manche.

Le muschelkalk est un calcaire, très-riche en fossiles marins, littoral si les gastéropodes dominent, pélasgique quand les brachiopodes sont les plus nombreux. Il fait suite au grès bigarré sans changement complet de faune, et indique seulement un affaissement du bassin. En Angleterre, au contraire, a eu lieu une émersion, en sorte que le muschelkalk manque, et que le grès bigarré est recouvert par des lentilles de gypse. Au surplus, les marnes irisées avec leurs amas de sel, de gypse et de dolomie, sans fossiles marins, mais avec des reptiles, des batraciens, des végétaux terrestres et même des couches de combustibles, se sont évidemment déposées au sein de marécages, de lagunes salées, ou parfois aussi sur des deltas émergés, comme celui de l'Indus, seulement pendant une partie de l'année. Néanmoins ces gîtes salifères ne sont pas uniquement dus à l'évaporation des eaux marines : ils contiennent de la dolomie et de l'anhydrite, souvent des sulfates de strontiane, de baryte et de magnésie, ou d'autres minéraux caractéristiques des filons. Ils ont donc été fréquemment enrichis par des émanations soit dans des lacs fermés, soit même au fond des océans, comme le prouve la présence des fossiles marins dans le sel gemme de Wieliczka.

Mer liasique. — Avec le soulèvement de la Côte-d'Or et du Thuringerwald commence une nouvelle période géologique. Trois grandes terres étaient baignées par la mer du lias : le Plateau central[1]; les Vosges, reliées à l'Ardenne et séparées du Morvan par le détroit de Dijon ; enfin la Vendée et la Bretagne, unies à l'Angleterre, mais détachées du Limousin vers Poitiers par un affaissement post-triasique. Les Maures élevaient aussi leurs îlots au-dessus des eaux qui couvraient en partie les Alpes et les Pyrénées. Quelques coupes suffisent à montrer que le lias présente, avec diverses modifications locales, une assez grande conformité d'ensemble.

1. Les récentes recherches de M. G. Fabre ont signalé le lias (et aussi l'oolithe inférieure) jusque sur les hauts plateaux du mont Lozère. La mer liasique devait donc couvrir les Cévennes au lieu de les entourer d'un double golfe sur la Lozère et l'Ardèche. Des lambeaux de grès infraliasiques ont été portés à de grandes altitudes (1470 mètres au massif de Mercoire); ils sont discontinus soit par suite des ablations provoquées par le soulèvement de mont Lozère, soit parce qu'ils se sont formés dans une mer intérieure profonde et escarpée, comme la Méditerranée (*Bulletin de la Société géolog.*, 3º S., t. I, p. 306-326).

ARDENNES.	LORRAINE (Moselle).	FRANCHE-COMTÉ.	BOURGOGNE (Blaizy).
Marnes de Flize.... 90m Marnes à posidonies... 2	Marne de Jouy. ..... 3m Oolithe ferrugineuse de Mont-Saint-Martin........ 20 Grès jaune de Saint-Michel. ..... 60 Calcaire gréseux de Chaudebourg. .... 3 Marnes avec nodules de Gorcy........ 5 Marnes bitumineuses à posidonies........ 7	Marne d'Avesche..... 8m Marnes de Pinperdu... 15 Schistes bitumineux de Boll. 2	Argile........... 1m,5 Marnes sableuses..... 36m Calcaire avec nucules et trochus.......... 2 Schistes bitumineux et calcaire argileux avec bélemnites........ 22
Calcaire ferrugineux de Margut.......... 48m Marnes à ovoïdes..... 70 Calcaires sableux..... 100	Marnes et grès de Guénétrange....... 60m Marnes de Thionville....... 150	Marnes de Cernans... 6m Marnes Souabiennes... 13	Calcaire noduleux ferrugineux avec marnes schisteuses....... 24m Marnes........... 70

ARDENNES.	LUXEMBOURG.	METZ.	FRANCHE-COMTÉ.	BOURGOGNE (Blaizy).
Grès de Rimogne..... 20m Calcaire hydraulique de Warcq.......... 50 Grès et poudingues d'Aiglemont. 10	Calcaire à gryphées de Strassen.......... 2m Grès de Luxembourg.. 100 Marne : calcaire et poudingue d'Helmsingen........... 5m,5	Calcaire à gryphées arquées,....... 30m Marne, grès et poudingues de Saint-Julien......... 3	Marnes et calcaires marneux........... 10m.5 Calcaire de Blégny... 4 .5 Calcaire sableux..... 1 .5	Calcaires à bélemnites et calcaires à gryphées arquées...... 8m Grès, calcaire à ciment de Pouilly et grès inférieur du lias..... 12

Le lias inférieur est surtout sableux : c'est une arkose au voisinage des roches feldspathiques de la Vendée et du Plateau central; un grès quartzeux au pied des schistes et des quartzites de l'Ardenne, et surtout dans le golfe de Luxembourg, découpé dans les sables du grès bigarré. Dès qu'on s'éloigne des anciens rivages, le caractère minéralogique change. Ainsi le grès passe à un calcaire plus ou moins argileux à Metz, dans le détroit de Besançon, à Salins, à Poligny, partout où l'on peut atteindre les formations de mers profondes. Le lias, du reste a une épaisseur très-variable, beaucoup plus grande à l'est qu'à l'ouest, et très-considérable dans le golfe étroit de Luxembourg, où, par l'apport des sables, le dépôt littoral a pu s'accroître plus rapidement qu'ailleurs. La marne et l'argile sont très-développées en France à tous les étages du lias; ce qui ne doit pas étonner, car la mer de cette période était une sorte de méditerranée et les marnes irisées, surtout dans l'est, constituaient son fond ou ses rivages. En outre, l'abondance des gryphées, dans des couches puissantes, témoigne d'un affaissement continu de la côte, puisque les huîtres vivent ordinairement dans une eau peu profonde.

Mer jurassique. — La Carte géologique de France permet de distinguer trois bassins dans la mer jurassique : le bassin parisien, entre le Cotentin, le Merlerault, la Bretagne, le N. du Plateau central, les Vosges et l'Ardenne; le bassin aquitanien, s'étendant à l'O. et bordé au N. et à l'E. par la Vendée et le Plateau central; le bassin méditerranéen ouvert au S.-E. et limité par le versant méridional des Vosges et par les pentes orientales du Plateau de l'Auvergne; les Maures y formaient toujours une île. Les divers étages que leur faune ou leur nature minéralogique caractérise dans la série jurassique, affleurent par zones concentriques. Celles-ci sont dues peut-être en partie aux ablations énergiques produites par les eaux au pied des massifs montagneux et dans les détroits; mais leur régularité générale indique plutôt un retrait régulier des eaux, sans doute par suite d'une lente émersion des rivages. Ainsi la passe de Poitiers est devenue un isthme à la fin de l'oolithe inférieure, et celle de Dijon a été mise à sec après le dépôt du coralrag; dès lors les trois bassins sont restés nettement séparés. Quelques synchronismes peuvent être précisés avec sûreté, et nous en empruntons le tableau à l'ouvrage de M. Delesse.

JURA. (Marcou.)	HAUTE-SAONE. (Thirria).	MEUSE. (Piette et Buvignier).
Calcaire de Salins. 35^m.0	Calcaires compactes avec nérinées.... 3^m.44	Calcaire compacte de Brillon et de Ligny. 135^m
Marnes de Salins.. 3 .5	Calcaires marno-compactes......... 10 .00	Calcaires blancs et argiles blanches d'Auberville...... 60
Calcaires du Banné. 40 .0	Calcaires compactes avec trichites.... 11 .15	
Marnes du Banné.. 5 .0	Marnes grisâtres à gryphées virgules avec bancs minces de calcaires marneux.......... 16 .00	Argiles à gryphées virgules de Loxéville............ 80
83 .5	40 .50	275
Calcaire de Besançon......... 30^m.0	Calcaire marneux grisâtre.......... 7^m.00	Calcaire à astartes de Verdun......... 130^m
Marnes de Besançon......... 5 .0	Calcaire à astartes.. 8 .90	
Calcaire à nérinées. } Oolithe corallienne. } 7 .0	Calcaire marno-compacte à nérinées.. 14 .00 Oolithe corallienne.. 17 .00 Calcaire compacte.. 4 .00 Id. et suboolithique, avec fossiles siliceux.......... 19 .00	Coralrag de Saint-Mihiel.........{ 130
Calcaire corallien. } Couches à coraux. } Argiles à chailles. } 25 .0	Argile jaune siliceuse avec chailles géodiques......... 6 .00	
Couches d'Argovie. 30 .0	Calcaire compacte gris bleuâtre avec lits d'argile....... 4 .00 Argile jaune avec chailles........ 8 .00	Oolithe ferrugineuse de Commercy..... 18 Calcaire argilo-sableux d'Eix...... 80
Marnes oxfordiennes......... 15 .0	Marnes oxfordiennes. 20 .50	Marnes bleues de Romagne,....... 150
Minerai de fer de Clucy........ 4 .5	Marnes avec minerai de fer......... 2 .60	Marnes de Stenay avec fer hydraté...... 22
117 .0	117 .00	530

JURA. (Marcou).	HAUTE-SAONE. (Thirria).	MEUSE. (Piette et Buvignier).
Calcaire de Palente.. 6^{m} Calcaire de la citadelle de Besançon. 20	Calcaire à oolithes oviformes.......... 32^{m}.1 Calcaire grisâtre, oolithique, avec taches bleuâtres et calcaire compacte. .... 30 .0	Calcaire marneux d'Étain. .... 15^{m} Marnes grises de Rouvres. 60
Calcaire de la porte de Taragnoz......... 10	Calcaires compactes ou oolithiques. ...... 22 .1	
Marnes de Plasnes... 3 Calcaires blanchâtres et couches à coraux du fort Saint-André. 10	Marnes schisteuses avec plaquettes de calcaire marno-compacte (Fuller's earth) 2 .0 Calcaire oolithique grisâtre,........... 6 .0 Couches à coraux.. . 15 .6	Marnes et calcaires de Montmédy.... 80
Calcaire de la Roche pourrie. 18	Calcaires compactes et calcaires à entroques........... 18 .0 Calcaire suboolithique rougeâtre........ 3 .0 Minerai de fer oolithique. .... 0 .7	Calcaires à polypiers de Thonelle..... 4
Fer de la Roche pourrie. 10	Calcaire suboolithique grisâtre......... 4 .0	Calcaires jaunes terreux du Frenois.. 6
77	133 .5	165

On voit de suite que les calcaires sont beaucoup moins développés dans la Haute-Saône que vers le Jura, et surtout la Meuse; les argiles, très-minces dans le Jura, presque nulles dans les Alpes, sont au contraire très-épaisses vers la Meuse, et aussi en Angleterre, sans doute parce qu'elles s'y déposaient dans les golfes des marnes irisées. Au surplus, ces variations tiennent aussi à l'éloignement plus ou moins grand des rivages : les épaisseurs augmentent naturellement partout où les sédiments fins ont pu s'accumuler dans des eaux profondes et peu agitées (Meuse), tandis que les différences locales s'accusent près des anciennes côtes (Haute-Saône). Ainsi le fuller's earth, calcaire dans la campagne de Caen, où il donne de belles pierres de taille, devient argileux à Port-en-Bessin, près d'un littoral de lias et de marnes irisées. De même l'identité des faunes prouve que les argiles noires de Dives sont contemporaines du calcaire blanc de Dun-le-Roi, au Plateau central. Enfin, près de l'axe émergé de l'Artois, tous les dépôts calcaires, notamment le coralrag, s'atténuent, tandis que les sables et les grès portlandiens prédominent. L'abondance des calcaires et leur extension jusqu'au pied des montagnes montrent que les mers jurassiques de France étaient peu agitées par les marées; en même temps, la structure oolithique rappelle les dragées de Tivoli, ou les dépôts actuels de la mer des Antilles.

Mer crétacée. — Sans beaucoup modifier l'orographie de la France, le soulèvement de la Côte-d'Or, accompagné de ceux du mont Pilat, des Cévennes et du plateau du Larzac, augmente l'étendue et le relief des terres émergées. Le Plateau central, définitivement relié à la Vendée et à la Bretagne, aux Vosges et à l'Ardenne, sépare plus complétement les trois bassins, esquissés déjà dans les mers jurassiques et qui recevront dès lors des sédiments bien distincts. Le Boulonnais au nord, les Maures au midi, forment des îles, tandis que, sur les continents, l'humidité du climat s'accuse par l'existence de grands lacs où se dépose le terrain wealdien, argileux dans le Sussex, calcaire ou marneux dans le Jura, de Gray à Belley.

Dans le bassin parisien, on peut distinguer, par la nature minéralogique des dépôts et par les oscillations du contour des rivages, les deux bassins secondaires de la Loire et de la Seine. Ainsi, à l'époque néocomienne, la mer crétacée, bien moindre que l'océan jurassique, s'étend à l'est jusqu'à Vassy et Auxerre; mais à l'ouest elle reste loin de la Vendée et de la Bretagne; le gault se rapproche encore de l'Ardenne; au contraire, la craie tufau empiète à l'ouest et recouvre la Touraine. Avec la craie blanche, nouveau retrait à l'ouest jusqu'à Blois et Vendôme, et nouvelle extension au nord-est sur la Belgique. Toutes ces assises sont riches en carbonate de chaux et en mollusques : la mer crétacée était en effet découpée dans les calcaires jurassiques, et le développement des foraminifères semble indiquer en outre des eaux chaudes comme celles du Gulf-Stream. Les débris feldspathiques manquent par suite de l'éloignement des côtes granitiques; l'argile, abondante à la base (néocomien, gault), peut provenir des parois du bassin ou d'éruptions geysériennes; enfin, la glauconie est inégalement répandue à divers niveaux (gault, craie de Rouen, craie de Maëstricht); elle a même continué à se former dans cette région, à travers la période tertiaire jusqu'à l'époque actuelle. Les sables et les cailloux se présentent le long du rivage escarpé de l'axe de l'Artois (*tourtia* de Lille, Tournai, Arras); aux environs du Mans, en relation étroite par leur faune avec la craie de Rouen; à Aix-la-Chapelle, sur la pente septentrionale de l'Ardenne, où ils contiennent de nombreuses fougères du terrain crétacé supérieur; ce dernier, en Saxe et en Bohême, est même essentiellement constitué par des grès quartzeux (quadersandstein).

Dans le bassin de la Provence, la série crétacée, analogue à celle du bassin de Paris, est très-complète et de plus très-puissante.

Dans le bassin aquitanien, la craie inférieure ne se trouve qu'au pied des Pyrénées; elle manque dans la Saintonge et dans le Périgord, où les calcaires de l'étage supérieur sont très-épais et remarquables par l'abondance des rudistes. Ces mollusques, avec leur têt si pesant, ne pouvaient guère pulluler que dans des eaux chaudes et riches en carbonate de chaux. Enfin, des couches lacustres, avec du gypse et des lignites, dessinent à divers niveaux les contours de lacs étendus.

Mers tertiaires. — Déposées en assises multipliées au fond de golfes sinueux ou sur des rivages découpés, très-riches d'ailleurs en couches lacustres qui empruntent leurs éléments aux diverses roches du sol émergé ou les reçoivent directement par des émanations variées, les terrains tertiaires de la France ne présentent jamais l'uniformité des grandes formations jurassiques ou crétacées : ils offrent, au contraire, entre eux des différences tranchées.

Mers éocènes. — Le continent s'était notablement accru par l'émersion de la craie supérieure. Au N.-E. se dessinent à cette époque deux bassins, celui de Paris et celui de Bruxelles, reliés entre eux et prolongés l'un vers le Hampshire, l'autre vers Londres. A l'O., la mer empiète un peu sur le Cotentin, et trois golfes profonds marquent les embouchures de la Loire, de la Garonne et de l'Adour. Enfin, au S.-E., des baies étroites et contournées découpent les côtes dans le Languedoc, le Dauphiné, la Savoie et la Suisse. De nombreux lacs sont disséminés, les uns sur le littoral (Ile-de-France, Champagne, Gascogne, Albigeois, Languedoc, Basse-Provence), les autres au milieu des terres (Maine, Touraine, Argenton, Bouxwiller, Haute-Saône, Bresse, Limagne, Forez). Quand leur bassin hydrographique est granitique (le Puy en Velay), la destruction des roches de fond produit des argiles et des arkoses; mais le calcaire, toujours très-abondant, ne peut être attribué alors qu'à l'apport de sources analogues à celles de Saint-Nectaire et de Sainte-Allyre. Il en est de même pour le gypse qui s'y rencontre et pour tout un ensemble de couches pénétrées par des émanations ferrugineuses (terrains sidérolithiques). Enfin, parmi ces lacs placés aux niveaux les plus divers, souvent près des embouchures des grands fleuves, plusieurs ont été plus d'une fois envahis par la mer, en sorte que les assises lacustres et marines y alternent entre elles.

De l'Artois jusqu'au Weald, le bassin de Paris était séparé de celui de Bruxelles par l'axe du Boulonnais D'un côté, la mer du Nord, pénétrant jusqu'à l'Ardenne, couvrait déjà la Belgique de dépôts essentiellement sableux. De l'autre se déposaient, avec un plongement contraire, des assises plus variées. C'étaient aussi des sables (sables du Soissonnais et sables de Beauchamp), mais comprenant entre eux le calcaire grossier, tandis que vers l'Angleterre les sables de Bagshot s'alliaient seuls aux argiles de Londres et aux sables de Thanet ou de Woolwich. Beaucoup de produits éruptifs s'intercalent dans les sédiments : ce sont d'abord les gypses en lentilles orientées au N.-O., apportés par des eaux minérales ou des émanations sulfureuses, et accompagnés de calcaires magnésiens, de glaises vertes et de strontiane sulfatée. C'est aussi l'argile plastique, dans laquelle il y a quelquefois de la baryte ou de la strontiane sulfatée, et qui est dépourvue de carbonate de chaux, si ce n'est dans les premières couches déposées sur la craie. Le plus souvent les produits des éruptions ont été repris par les eaux ; alors on y rencontre, soit, comme dans l'argile plastique, des coquilles lacustres ou marines, des lignites, des graviers ou des galets; soit, comme dans le gypse, de nombreux fossiles presque exclusivement terrestres.

Dans le bassin de la Garonne les alternances de sables, de grès et de calcaires, tantôt marins, tantôt lacustres, sont aussi très-multipliées. Quant au bassin de l'Adour, il est exclusivement marin, et les dépôts nummulitiques y atteignent à eux seuls 1000 mètres d'épaisseur.

Les nummulites caractérisent surtout l'éocène du bassin méditerranéen, très-développé du Languedoc à la Savoie, et dont la base est marquée souvent par des couches lacustres d'argiles et de calcaires rouges (étage garumnien de la Provence et du Languedoc). Au surplus, ces formations sont exceptionnellement puissantes au voisinage des Pyrénées et des Alpes; leurs rivages montagneux ont fourni les éléments de nombreuses roches clastiques (poudingues de Palassou, d'Alet, d'Ausseing...). Dans cette mer profonde, bien différente du golfe parisien, le calcaire, emprunté aux falaises crétacées ou jurassiques, prédomine dans les dépôts.

Le résumé suivant peut servir à fixer les principaux points de comparaison entre les diverses mers éocènes de la France.

PARIS.	GARONNE (Raulin).	LANGUEDOC (D'Archiac).	
Argiles à meulières et calcaire lacustre de Brie.	Calcaire lacustre du Périgord et de l'Albigeois.	Groupe lacustre moyen.	Calcaires, poudingues et argiles rouges; gypse, Marnes, calcaires, grès et poudingues.
Glaises vertes et gypse.			
Calcaire lacustre de Saint-Ouen.	Molasse du Fronsadais, gypse, sables du Périgord.	Groupe nummulitique.	Supérieur. Moyen, Inférieur.
Grès et sables moyens.			
Calcaire magnésien avec cuillasses.	Calcaire grossier de Blaye.		
Calcaire grossier.		Groupe d'Alet ou sous-nummulitique.	Argiles rouges; poudingues, grès et calcaires lacustres inférieurs.
Argile plastique.	Sables de Royan à *Ostrea cymbula.*		
Sables inférieurs.			

Le climat de la France était nécessairement fort humide alors, puisqu'elle était parsemée de lacs dont plusieurs sont creusés dans des sols perméables. Toutefois, comme l'observe M. Delesse, leur étendue n'était pas aussi grande que l'extension des couches lacustres pourrait le faire supposer; car ces lacs se déplaçaient par suite du remplissage successif de leurs bassins, comblés peu à peu par les apports de leurs affluents; d'un autre côté, plus d'une fois les contours de leurs rivages ont été modifiés par des dislocations.

Les oscillations du sol ont propagé au loin les effets du soulèvement des Pyrénées; et si de simples tremblements de terre suffisent à provoquer des déplacements d'eau et des déjections boueuses, on comprend quels phénomènes violents ont dû suivre le surgissement d'une pareille chaîne de montagnes. C'est à cette cause que M. Delesse est porté à rattacher la formation d'une partie des roches clastiques, les éruptions d'argiles et de gypse, et la recrudescence générale des émanations geysériennes, si actives pendant cette période.

Mers miocènes. — Un nouvel envahissement des eaux marines, restreint dans un golfe plus étroit mais plus méridional que celui de Beauchamp, a amené, sur les calcaires lacustres de la Brie, le vaste dépôt des sables de Fontainebleau. Tantôt on les assimile aux sables du Limbourg belge (éocène supérieur), tantôt on en fait un étage spécial, l'oligocène, très-développé en Allemagne. Ils se sont accumulés dans nos parages comme les sables moyens, et souvent en collines alignées comme aujourd'hui encore les sables de la mer du Nord et du Pas-de-Calais. Au N.-E. la mer qui recouvrait les Pays-Bas devait être peu profonde, mais agitée par les marées : car ses dépôts sont essentiellement quartzeux. Au S.-O., dans le bassin de l'Adour et de la Garonne, c'est au contraire un calcaire à astéries qui prédomine; mais sa faune, étudiée par M. R. Tournouer, le rattache étroitement aux sables de Fontainebleau. Quand un exhaussement continental fit rétrograder les eaux marines, de grands lacs recouvrirent la Beauce, la Limagne, et remplirent de nombreux bassins dans la Provence, le Languedoc et les Pyrénées. Ils se comblèrent ensuite, soit par des calcaires formés aux dépens de leurs parois, soit par des travertins fournis par des sources minérales[1].

Un affaissement considérable abaissa alors sous les eaux de la mer non-seulement la Touraine, le détroit de Poitiers et l'Aquitaine, mais aussi la Bretagne depuis la Loire jusqu'à Rennes et Dinan[2]. Partout sur cette vaste étendue se présentent les *faluns,*

---

1. Parmi les plus intéressants produits des éruptions qui ont accompagné la dislocation et l'émersion du calcaire de Beauce, mentionnons les sables granitiques et les argiles à silex que MM. Potier et Douvillé ont récemment étudiés dans le département de l'Eure. Ces sables, grossiers, micacés, bariolés, kaoliniques, avec des argiles de toute nuance, ont rempli les fentes, plus ou moins inclinées, ouvertes avec dénivellation dans les calcaires de Beauce (*Comptes rendus de l'Académie des Sciences,* 6 mai 1872.

2. D'après M. A Ramsay et les géologues anglais qui se sont le plus occupés de la restauration des anciens fleuves, à la fin de la période miocène, marquée par un large développement de la terre ferme en Europe, un plongement général vers le N.-O. décida la direction d'un grand nombre de nos cours d'eau (*Proc. Cardiff's naturalists Soc.,* 1869 ; *Geol. Magazine,* 1870 ; *Geol. Soc.* 1872).

très-riches en coquilles brisées, formés toujours sous une faible profondeur d'eau et souvent près des rivages ou des embouchures, comme le prouvent la présence des bois silicifiés et l'abondance des ossements de vertébrés terrestres. Dans les golfes à plages calcaires, près de Bordeaux et de Montpellier, les faluns passent à des calcaires grossiers. De même, sur les pentes occidentales des Alpes, la mer miocène remontait à travers l'Isère, l'Ain et la Suisse, jusqu'à la vallée de l'Alsace, et constituait, aux dépens du calcaire de son littoral, l'épais dépôt de la molasse. En outre, en Suisse comme en Aquitaine, de nombreux lacs ont laissé pour témoins des marnes lacustres avec lignites, parfois fort riches en végétaux et en insectes (OEningen). Le soulèvement des Alpes occidentales qui a relevé, notamment au Righi, les couches de la molasse, a marqué le début de la période tertiaire supérieure.

Mers pliocènes. — L'Océan pliocène baignait nos côtes à peu près suivant les mêmes contours que nos mers actuelles. Il occupait encore un golfe ouvert des Pyrénées à l'Adour et à la Garonne ; il se réduisait beaucoup dans le Cotentin ; mais sur le littoral méditerranéen il couvrait Perpignan, Montpellier, Beaucaire dans la vallée du Rhône, et plusieurs points du rivage de Bandol à Fréjus et au Var. Plus vaste sur les pays limitrophes, la mer pliocène s'étendait sur le Suffolk et le Norfolk, ainsi que sur une grande partie des Pays-Bas et du Piémont. Les dépôts de cet âge émergés sur nos côtes sont donc essentiellement littoraux et par suite très-variables. Dans l'Aquitaine, ce sont, à la base, des marnes bleues très-riches en mollusques (Saubriges, Saint-Jean-de-Marsacq), puis, au-dessus, les sables des Landes sans fossiles. Leur extension semble indiquer une origine marine ; néanmoins ils peuvent être comparés aux sables qui, dans la Campine, recouvrent les sables marins pliocènes de Belgique, et qui contiennent parfois des ossements de mammifères quaternaires. Sur la Méditerranée, ce sont encore des marnes bleues (Perpignan, Fréjus, Valréas, dans la vallée du Rhône); au-dessus viennent les sables de Montpellier, souvent associés à des grès analogues aux dépôts actuels, et aussi à des poudingues vers le delta du Rhône. Les formations lacustres sont nombreuses et aussi très-variées : lignites de la Tour-du-Pin et de Biarritz, marnes de Manosque, calcaire de Dijon, sables de Saint-Prest, travertins et conglomérats volcaniques d'Issoire…

Toutefois les bassins hydrographiques du Rhin (Alsace), de la Saône (Bresse), de la Durance (environs de Digne), de l'Allier (Limagne)... ont été surtout comblés, pendant l'époque pliocène, ou à l'origine de la période actuelle, sous l'action des agents atmosphériques, des glaciers, et des rivières. Les alluvions anciennes sont d'ailleurs d'autant plus épaisses qu'on les observe plus près des montagnes, tandis que les boues fines (lehm ou lœss) s'étalent en nappes au loin des grandes chaînes. Enfin le limon des plateaux, dans les hautes vallées de l'Adour, sur les plaines de la Flandre, ou sur les plateaux normands, paraît provenir soit d'une ablation atmosphérique sur les roches calcaires sous-jacentes, soit d'un dépôt argileux lentement effectué, peut-être sous la neige et les glaces, soit enfin d'éruptions boueuses.

Époque actuelle. — La convulsion qui a donné aux Alpes principales leur relief définitif, a soulevé les terrains pliocènes et refoulé les mers dans les limites qu'elles occupent aujourd'hui. Mais la stabilité de nos rivages n'est qu'apparente; ils sont pour la plupart soumis à des oscillations essentiellement locales, que M. Delesse a représentées sur l'une des cartes de son bel Atlas. Tantôt, en effet, sur les plages et hors de l'accès de la marée, des galets, des sables ou des bancs coquilliers témoignent d'un exhaussement; tantôt des tourbes, d'anciennes forêts, quelquefois même des villages enfoncés sous les flots prouvent un affaissement. Parmi les côtes soulevées, nous citerons, sur la Méditerranée, Grimaldi et Monaco avec leurs grès coquilliers relevés de 20 à 25 mètres; Fréjus et Aigues-Mortes aujourd'hui ensablées; Narbonne autrefois pourvue d'un port florissant; et sur l'Océan, les buttes coquillières de Saint-Michel-en-Lherm; les cordons de galets entre La Rochelle et Fouras, abandonnés par la mer qui pénétrait jusqu'à Niort; les bancs de maerl et de coquilles qui sont exploités en Bretagne comme amendements. Les indices d'émersion sont encore très-nets vers l'embouchure de la Somme, ainsi qu'à Dunkerque. On en voit également à Guernesey et sur les côtes du Cornouailles.

Par contre, des forêts, aujourd'hui noyées, rendent visible l'affaissement des rivages à Biarritz, au sud d'Arcachon, près de Morlaix et sur beaucoup d'autres plages de la Bretagne et du Cotentin, comme autour de Jersey et des Iles-Britanniques. La preuve de submersions semblables est fournie encore par des tourbières renfermant des fossiles lacustres (N.-O. de Guernesey, Cherbourg, Villers, Furnes, littoral de la Belgique et du Danemark); parfois aussi par des constructions noyées (baie de Douarnenez[1], îles Scilly), ou transformées en îlots (Mont-Saint-Michel); enfin par d'anciennes cartes, sur lesquelles, par exemple, les îles anglo-normandes sont réunies au Cotentin, etc.

En résumé, et malgré la complication d'oscillations éminemment locales, les côtes de France s'élèvent dans la Méditerranée et dans le golfe de Gascogne; elles s'abaissent au contraire dans la Manche et dans la mer du Nord. Cet affaissement augmente à partir du Pas-de-Calais sur les rivages des Pays-Bas et atteint son maximum aux embouchures de l'Escaut et du Rhin; il se fait sentir jusqu'au Danemark et à la Scanie. Il a provoqué au moyen âge la submersion de villages et la formation du Zuyderzée. Peut-être doit-on lui attribuer aussi la destruction de l'isthme qui vers Calais reliait, pendant l'époque quaternaire, l'Angleterre à la France; néanmoins la violente érosion produite par les marées furieuses, que les vents d'ouest poussaient dans la Manche, doit avoir contribué plus encore à ouvrir le Pas de Calais. Sans doute ces oscillations lentes peuvent être un effet des actions dynamiques produites sur l'écorce terrestre par les forces internes. Mais M. Delesse observe que, le plus souvent, elles paraissent être motivées par des causes locales, et résulter de la flexion des couches molles et humides de l'écorce sous le poids des sédiments qui s'accumulent en certains points. Ainsi les amas de sables apportés par les grands fleuves dans la mer du Nord font naturellement fléchir les argiles tertiaires de ses rivages. En outre, la différence des érosions exercées sous les eaux ou dans l'atmosphère tend sans cesse à altérer l'équilibre des côtes. On conçoit donc que leur stabilité absolue soit une rare exception.

III. *Déformations subies par les terrains.* — A peine déposés sur le fond des mers, les terrains sont soumis à une foule d'actions qui tendent à les déformer. C'est d'abord leur compression réciproque; puis l'ablation par les courants marins, ou par les rivières et l'atmosphère dès qu'ils sont émergés. Ce sont aussi les

1. D'après une légende fort accréditée dans la basse Bretagne et que semblent confirmer certains indices, la ville d'Is dans la baie de Douarnenez, capitale du roi Gradlon, aurait été engloutie au quatrième ou au cinquième siècle.

oscillations lentes de l'écorce terrestre, ou les dislocations brusques et les phénomènes éruptifs ou volcaniques de toutes les époques qui, en produisant des failles ou des montagnes, provoquent l'effondrement ou le redressement des assises. Tous ces effets, dont l'état actuel est la résultante, sont d'autant plus complexes que le terrain est plus ancien, et d'autant plus considérables qu'il est plus voisin des grandes chaînes. Pour les apprécier il faut chercher à restaurer l'état primitif, c'est-à-dire à retracer, pour un étage dont les équivalents synchroniques sont bien établis, l'extension et parfois les rivages de la couche la plus constante dans ses caractères et par suite la plus facile à repérer. Il est vrai que les dépôts à une même époque sont loin d'être continus et uniformes. Tous s'amincissent sur les pentes ; ceux d'entre eux, comme la vase et le calcaire, qui sont épais dans les dépressions, vont au contraire en diminuant près des rivages ; une émersion brusque peut entraîner leur disparition presque complète, s'ils ne sont pas encore consolidés. Les actions qui tendent à les détruire, s'exercent surtout sur les formations littorales, qui sont d'ailleurs meubles et souvent assez minces. Néanmoins, en s'attachant à un terrain bien caractérisé, on peut en restaurer les anciennes limites. Suivant la méthode dont les belles cartes de Paris et du département de la Seine ont déjà fourni une excellente application, M. Delesse a figuré par des courbes de niveau, séparées ici par des teintes graduées, la surface supérieure de quelques-uns des principaux terrains. Si l'étage que l'on considère n'est pas recouvert, ses horizontales sont les lignes de niveau du sol même ; le tracé des courbes dans les parties profondes, quoique beaucoup plus incertain, peut souvent s'effectuer avec une approximation suffisante. La ligne ayant la cote zéro dessine l'intersection du terrain avec la surface de la mer qu'on suppose prolongée à travers les terres : tout ce qui est au-dessus a nécessairement été surélevé. L'ancien contour du terrain, son rivage autrefois horizontal, est particulièrement intéressant à comparer avec les courbes de niveau qui, donnant le relief actuel, mettent en évidence les dénivellations qu'il a subies. A la vérité le niveau de la mer n'est pas demeuré constant ; il s'est abaissé par suite de l'infiltration de l'eau dans les roches ou de sa fixation, notamment dans les argiles. Néanmoins les horizontales, quoiqu'elles ne se repèrent pas exactement au niveau d'autrefois, traduisent aux yeux le modelé du terrain, et montrent, par conséquent, dans quelles régions se sont effectués les soulèvements ou les affaissements. Quant aux couches lacustres, formées dans des eaux douces à des niveaux très-divers, et parfois étagées sur les revers des montagnes, leurs déformations ne peuvent être appréciées que par une étude spéciale à chaque localité. La connaissance des allures souterraines de chaque formation est éminemment précieuse pour les travaux de sondages, les constructions de routes, les tracés de chemin de fer, etc... Essayons donc de donner, pour quelques-unes des plus importantes, un aperçu des nombreux renseignements consignés sur les cartes de M. Delesse.

Terrain pliocène. — Les déformations des dépôts lacustres ou atmosphériques sont difficiles à préciser, d'abord parce que ces dépôts sont peu étendus, ensuite parce qu'ils ont souvent pris naissance sur des pentes inclinées offrant de grandes différences d'altitude (Bancs pliocènes des Basses-Alpes; altitude au sud 300 mètres, au nord 1,200 mètres près des Alpes). Le grand bassin de la Bresse, rempli surtout par des dépôts atmosphériques, est relevé vers le sud en sens contraire de l'écoulement actuel des eaux; ses cotes sont en moyenne 300 mètres; mais au N.-O. elles s'abaissent à 200 mètres, pour atteindre au contraire 400 et 800 mètres vers la Tour-du-Pin et Voreppe. Sur la Méditerranée, le pliocène marin est relevé à 100 ou 200 mètres vers Montpellier ou Perpignan, et même bien davantage sur les flancs des Alpes-Maritimes. Sur l'Océan, ses altitudes sont faibles (Anvers, Cotentin, Saubriges); elles montent à 100 et même à 200 mètres pour les sables des Landes dans la vallée de la Garonne.

Terrain éocène. — Les couches nummulitiques si puissantes dans le midi de la France ont été soulevées à de grandes hauteurs : 3,000 mètres au sud de Barcelonnette (Basses-Alpes) et à la montagne des Fiz; 3,500 mètres aux Aiguilles d'Arves (Savoie); 3,500 mètres au Mont-Perdu (Pyrénées)... Dans le bassin parisien, l'éocène est très-inégalement déformé : il s'élève sur le pourtour en moyenne à 100 mètres, mais il atteint au N.-E. et à l'E. des altitudes plus grandes : 220 mètres à Verviers, 210 mètres à Craonne, 295 mètres à Marlemont dans les Ardennes, 230 mètres à Allemant près de Sézanne... Le bassin du Hampshire, symétrique à celui de Paris, est peu accidenté, si ce n'est au sud (Dorchester, 250 mètres). Le bassin de Londres ainsi que celui de Bruxelles s'inclinent en sens inverse et sont assez plats; au sud, vers Liège, les côtes remontent à 100 mètres. Quant aux dépôts lacustres, ils ont subi parfois des dénivellations de plusieurs centaines de mètres (bassins de la Gascogne, du revers du Plateau central, et de la Provence, au pied des Alpes).

Terrain néocomien. — Dans le S.-O. de la France, le néocomien ne se montre que redressé dans les Pyrénées. Sur le pourtour du bassin parisien, il manque à l'ouest; mais, à l'est, il s'élève à 100 mètres dans les Ardennes, à 200 mètres dans la Meuse, à 300 mètres dans l'Yonne. Le fond même de la cuvette néocomienne a été déchiré et amené au jour à 233 mètres d'altitude par le soulèvement du pays de Bray[1]. Dans le S.-E. le néocomien a été porté à de grandes hauteurs sur le Jura et les Alpes (1,200 mètres à l'ouest du lac de Neufchâtel, 2,000 mètres au Grandsom, 3,200 mètres près du lac d'Annecy). Il se montre encore à 800 mètres auprès de Nice, et à 400 mètres sur le bord des Cévennes, aux environs de Privas.

Lias. — La mer liasique est mieux connue que les autres mers jurassiques; il est donc plus facile de mesurer les déformations subies par ses dépôts. D'abord, à l'O. du bassin de Paris, le lias reste à environ 100 mètres; il se relève à 150 mètres à Falaise, à 200 mètres à Montabard, dans la chaîne du Merlerault, et aussi dans la Vendée; tandis que, dans le Cotentin et aux Sables-d'Olonne, il vient affleurer sur le rivage. A l'E., il atteint des altitudes plus grandes : 300 mètres dans l'Ardenne et dans les Vosges, vers Metz et Nancy; 499 mètres à Mirecourt, dans la Côte-d'Or et jusqu'à Belfort; 476 mètres près d'Épinal. Sur le versant alsacien des Vosges, il est aussi à 400 mètres près de Guebviller et à 200 mètres près de Wœrth. Autour du Plateau central, les déformations sont encore bien plus considérables; ainsi au N. et à l'E. le

---

1. Le soulèvement brusque du pays de Bray, entre la formation du calcaire grossier et le dépôt des sables de Beauchamp, est un exemple intéressant des mouvements de l'écorce terrestre. M. A. de Lapparent a montré, par des études précises et complètes, que la fracture du Bray est en relation avec la grande faille de la vallée de la Seine, étudiée déjà par M. Harlé et par M. Hébert (*Comptes rendus de l'Académie des Sciences*, 8 avril 1872, et *Bull. de la Soc. géol.*, 2e S., t. XXIX, p. 236.)

lias s'élève à 100 mètres à Montmorillon, à 200 mètres à la Châtre, à 400 mètres au moins sur le pourtour du Morvan, et aussi à Charolles pour atteindre 600 mètres en face de Lyon. Au S., les Cévennes l'ont soulevé plus haut encore dans les Causses : 800 mètres à Largentière, à Mende, à Bédarrieux ; puis sur les pentes occidentales il s'abaisse peu à peu vers le sud ou vers le nord. Dans les détroits de Poitiers et de Dijon, il forme, aux cotes 100 et 200 mètres, deux cols souterrains. Redressé parallèlement aux Pyrénées, le lias se rencontre à 400 mètres dans le Roussillon et à 1,980 mètres dans le comté de Foix. Enfin, vers les Alpes, le fond même de la mer, et non plus seulement son rivage, a été disloqué et soulevé à de grandes altitudes : 400 mètres près de Lons-le-Saulnier et Genève ; 1,700 et 3,300 à Seneppe et à Rochebrune (Dauphiné) ; 2,800 et 3,840 au Perron-des-Encombres et à l'Aiguille-de-la-Vanoise (Savoie).

Les allures nettes et définies des assises du lias, que plusieurs chaînes ont accidentées, donnent lieu à deux remarques d'une portée très-générale. D'abord les dépôts à fortes pentes, comme ceux du lias sur les flancs du Plateau central ou des Alpes, doivent en partie leur inclinaison à l'escarpement des rivages sur lesquels ils se sont formés. Ensuite les couches redressées par une faille ou un soulèvement ne sont fortement inclinées que dans une zone étroite, parallèle à la dislocation.

Trias. — Le grès bigarré qui dessinait le pourtour des bassins du lias est naturellement relevé plus encore. Ainsi on le trouve à plusieurs centaines de mètres dans l'Ardenne, l'Eifel, le Hundsrück et le N. des Vosges ; à 350 mètres aux environs de Saint-Avold ; à 400 mètres à Phalsbourg ; à 500 mètres à Bruyères, etc. Son altitude atteint un maximum sur le versant occidental des Vosges, et surtout vers le sud : 780 mètres à Plombières. A l'O. du bassin de Paris, on retrouve le trias à 100 mètres, à Dordigny, et à 150 mètres à Falaise. Au nord du Plateau central, il se montre à 200 mètres vers Saint-Benoît-du-Sault ; à 400 mètres et même à 500 au tour du Morvan, à 400 mètres encore à Chessy. On le voit s'élever peu à peu à l'O. et au S., vers le Rouergue et les Cévennes : 300 mètres à Suillac, 400 mètres à Lodève, 800 à Rhodez, 1,300 à la Montagne du Souquet (Gard). Il plonge très-rapidement à l'ouest ; car, à Rochefort, les sondages ne l'ont rencontré qu'à 800 mètres au-dessous du niveau de la mer. Dans les Pyrénées,

il a été relevé, surtout près de la ligne de faîte : Saint-Béat,
800 mètres; Basses-Pyrénées, 1,200 mètres; Hautes-Pyrénées,
2,000 mètres. Il se redresse aussi, à quelques centaines de mètres,
autour de l'îlot granitique des Maures. Mais, quand on suit les
chaînes alpines du Jura aux Hautes-Alpes, on voit le fond du
bassin triasique atteindre des altitudes de plus en plus grandes :
Lons-le-Saulnier, 300 mètres; Nantua, 800 mètres; Briançon-
nais, 2,000 et 5,000; Mont-Thabor, 3,205 mètres.

Le grès vosgien est souvent intimement lié au grès bigarré.
Toutefois, dans les Vosges, il en diffère nettement par son orographie. Ainsi il acquiert ses plus hautes altitudes à l'ouest et
non au sud de la chaîne; on le voit, en effet, à 598 mètres aux
Châteaux-d'Eguishem (Alsace), à 800 mètres au Spiemont, à
974 mètres au Climont, et à 1,010 mètres au Donon. Au point de
vue de l'orographie aussi bien que sous le rapport minéralogique,
il y a donc lieu de distinguer les deux grès, séparés géologique-
ment par la formation de la vallée du Rhin, et de rattacher le
grès des Vosges au terrain permien.

Terrain houiller. — Nos dépôts houillers sont d'anciens marécages, isolés entre eux quoique souvent étagés dans le même
bassin, situés originairement déjà à des altitudes très-diverses,
tantôt sur les plateaux montagneux, tantôt sur le littoral. Dans
le Plateau central, ils s'alignent au N.-E. sur le bord oriental,
au N.-O. dans la région occidentale jusqu'en Vendée, au N.-N.-E.
enfin sur le plateau lui-même, où ils semblent jalonner d'anciennes vallées. Dans le nord de la France et en Belgique, la
houille s'exploite jusqu'à 900 mètres, et quelquefois jusqu'à
1 kilomètre de profondeur (Charleroi); tandis qu'elle se montre
à de grandes hauteurs dans les Pyrénées et dans les Alpes. Des
déformations très-considérables peuvent aussi s'observer sans
sortir d'un bassin limité. Ainsi les dénivellations d'une même
couche atteignent plusieurs centaines de mètres à Alais et à Saint-
Étienne, et 1 kilomètre au Creusot.

Terrain silurien. — Malgré le peu d'étendue des terres émergées dans les mers siluriennes, les formations de cette période
sont loin de se retrouver dans tous les massifs montagneux, soit
que ceux-ci fussent déjà hors des eaux à cette époque, soit plutôt
que les dépôts aient disparu postérieurement par la dislocation et
les dénudations, ou que du moins ils aient subi un métamor-

phisme profond. Très-développé dans l'ouest de la France, au niveau de la mer, ou dans le Merlerault et les petites chaînes de la Bretagne, à peine indiqué dans le Plateau central, le terrain silurien se montre dans les Vosges, mais s'étend surtout dans l'Ardenne, où il atteint une altitude de quelques centaines de mètres. Dans les Cévennes, il est relevé à 800 mètres au Vigan et à 1,100 mètres dans la montagne Noire. Aux Pyrénées, on le trouve aussi, notamment près de Bagnères-de-Luchon, même vers le faîte de la chaîne (Pales de Burat, 2,150 mètres).

Bien que les anciennes mers de France ne puissent être restaurées qu'avec une assez forte part d'hypothèses, à cause des érosions et du métamorphisme, les cartes que M. Delesse en a tracées présentent du moins le relief actuel et l'orographie souterraine des diverses formations. Elles montrent que les dénivellations primitives se sont conservées, mais en s'atténuant par des remblais successifs; qu'elles peuvent ainsi affecter plusieurs terrains superposés, comme aussi les dislocations qui ont provoqué le surgissement d'une chaîne ont accidenté tous les terrains antérieurs. La forte pente des assises redressées par un soulèvement et le peu de largeur de la zone ainsi relevée témoignent de la plasticité des couches plus ou moins humides dans l'intérieur de la terre. Enfin les bassins des mers étaient au moins aussi profonds à l'origine qu'à l'époque actuelle où tant de dépôts ont contribué à les combler; néanmoins leur fond est souvent amené jusqu'aux sommets de nos grandes chaînes; il est donc impossible d'attribuer la formation des massifs montagneux à des oscillations lentes, comme celles de nos rivages.

Parvenus au terme de cette étude, nous en résumerons rapidement les principaux points.

Nous avons d'abord examiné l'action des différents agents qui concourent à la formation des dépôts. L'atmosphère, par ses intempéries, par la pluie, les vents et les glaces, exerce une incessante destruction sur les continents. Les rivières corrodent leurs bords et leur lit, puis versent à la mer toutes les alluvions charriées par leurs eaux. Les vagues à leur tour, poussées par les vents et les marées, attaquent les rivages, tandis que les courants décapent le fond ou répartissent les matériaux. Après avoir indiqué, en outre, l'influence des agents internes et aussi des êtres vivants dont les dépouilles jouent un grand rôle, nous avons étudié, à l'aide de quelques exemples, comment la nature minéralogique des dépôts littoraux ou sous-marins est en relation avec les roches du bassin hydrographique et avec les conditions physiques; nous avons insisté enfin sur la répartition des mollusques qui fournissent si souvent, par les débris de leurs coquilles, une proportion considérable de carbonate de chaux.

Par la discussion des cartes lithologiques des mers actuelles, pour l'Europe, l'Amérique et les régions arctiques, nous avons montré ensuite quelle est l'orographie générale des océans, quelles sont les principales roches qui prolongent leurs rivages et quels sont les dépôts qui bordent leurs côtes ou comblent leurs abîmes. A moins qu'ils ne proviennent d'affleurements sous-marins, les galets et les graviers sont seulement près du niveau de la marée; les sables se présentent surtout dans les eaux agitées, tandis que la vase s'accumule dans les grandes profondeurs ou dans les mers tranquilles.

Nous avons essayé enfin de poursuivre dans le passé les mêmes études au moyen des données de la géologie, et de restaurer les anciennes mers qui ont baigné la France aux diverses époques. Nous avons montré, en outre, comment on peut figurer sur des cartes spéciales les déformations, parfois si considérables et si complexes, que les mouvements de l'écorce terrestre ont fait subir, à travers les âges, aux dépôts des périodes géologiques. Il ne nous reste plus qu'à exposer quelques conclusions générales qui se dégagent du beau travail de M. Delesse.

Constance dans les caractères des terrains. — Une formation se maintient souvent sur des espaces immenses avec les mêmes caractères minéralogiques. Ainsi, les terrains siluriens et dévoniens se distinguent partout par l'abondance des schistes et des argiles; au contraire, le terrain houiller, le permien et le trias renferment de nombreuses assises de poudingues et de grès; enfin, à partir des terrains jurassiques, les dépôts calcaires sont particulièrement développés. Il est évident que la cause de ces différences réside dans les modifications chimiques que les anciennes mers ont subies, ainsi que dans les phénomènes météorologiques et éruptifs. Le schiste, vase argileuse contenant des alcalis et consolidée par la pression, se montre naturellement à la base des terrains, sur la première écorce granitique qui constituait alors les continents et le fond des mers. La vase devait, d'ailleurs, se produire plus abondamment dans des océans plus libres et peut-être aussi plus profonds. Enfin elle s'épanchait souvent de l'intérieur par des éruptions boueuses, reprises ensuite par les eaux. Les poudingues, si développés à certains niveaux (dévonien, houiller, permien), indiquent des eaux violemment agitées près des rivages, à moins qu'ils ne proviennent de phénomènes diluviens ensevelissant de vastes surfaces sous un épais manteau de roches. Le calcaire, qui se rencontre même dans les terrains anciens, surtout en Amérique, mais qui domine pendant les périodes secondaires et tertiaires, a été sans doute d'autant plus abondant que la salure des mers riches en carbonate de chaux permettait un plus complet déploiement de faune malacologique. Cette répartition des mollusques a varié, il est vrai, suivant les régions à toutes les époques. Néanmoins les dépôts synchroniques présentent en général, sur des étendues immenses, des caractères minéralogiques qui sont analogues et qui dépendent des phases successives que notre globe a traversées.

Relations entre les caractères paléontologiques et les caractères minéralogiques. — Nous venons de dire que le schiste, si fréquent dans les terrains paléozoïques, est le dépôt vaseux des eaux tranquilles, basses ou profondes; les poudingues et les grès sont les formations des eaux agitées près des rivages, et le calcaire, composé de foraminifères et de bryozoaires, est essentiellement pélasgique. Mais ces caractères minéralogiques, si étroitement liés aux conditions physiques dans lesquelles le dépôt s'est constitué, ont eu une influence dominante sur les faunes et correspondent alors à des caractères paléontologiques non moins nets. C'est ainsi que la chaux étant rare dans les mers siluriennes, les schistes contiennent des animaux dont le têt est mince, ou composé de chaux phosphatée et de matière organique (lingules, trilobites, conulaires, graphtolites). Au contraire, quand le carbonate de chaux était abondant, les foraminifères, les polypiers, les rudistes pullulaient dans les eaux où se formaient de puissantes couches de calcaire. D'ailleurs, comme les mollusques fuient les eaux exceptionnellement agitées, les poudingues et les grès grossiers sont généralement pauvres en fossiles. Enfin, le développement de la faune varie dans sa composition et sa richesse suivant que le fond est vaseux, sableux ou rocheux. Ainsi à toutes les époques les caractères minéralogiques et physiques, régis par les phénomènes généraux de la vie de notre globe, ont nettement réagi sur l'épanouissement de sa faune et de sa flore marines.

Différences que les dépôts actuels offrent dans leurs caractères minéralogiques et paléontologiques. — Non-seulement les dépôts marins, lacustres ou terrestres, diffèrent par leurs faunes, mais leurs caractères minéralogiques sont eux-mêmes fort distincts : la tourbe, les meulières, les lignites, les calcaires siliceux ne se forment que dans les eaux douces. Même dans les eaux marines, les variations s'accusent : le sable borde le rivage ; la vase plus ou moins argileuse lui succède ; enfin aucun dépôt ne recouvre les fonds décapés par les courants. L'état des connaissances acquises ne permet pas encore d'apprécier l'importance relative de ces diverses formations. Les côtes seules sont assez bien connues, mais les fonds de haute mer sont encore peu explorés. Il est vraisemblable que les dépôts calcaires occupent l'étendue la plus vaste, puisqu'ils se forment souvent dans les grandes profondeurs (océans Atlantique et Pacifique), et qu'en outre on les voit quelquefois près des rivages, surtout dans les mers intérieures, comme la mer Rouge et la Méditerranée, et dans les régions océaniques habitées par des polypiers. Aussi doit-on penser que si certaines formations géologiques paraissent dépourvues de calcaire, c'est qu'on n'a pu atteindre encore tous leurs dépôts. Au surplus, l'inégalité d'épaisseur et la discontinuité de répartition que l'on observe dans les dépôts actuels ont dû se produire à toutes les époques sous l'influence des mêmes causes. Il n'est donc pas nécessaire, pour expliquer les différences de ce genre dans les terrains anciens, de recourir toujours à l'hypothèse d'émersions plus ou moins prolongées, ou d'ablations considérables qui auraient emporté des couches entières. La variation des dépôts provient aussi des variations de la faune soit avec la latitude, soit sous la même latitude et dans un même océan, d'un côté à l'autre de l'Atlantique, par exemple ; soit autour d'un même continent ou dans des localités voisines, suivant la nature du fond et la composition des eaux; soit surtout avec la profondeur et la température de la mer. Les courants polaires sont ainsi des barrières sous-marines qui limitent les faunes, comme un isthme étroit suffit aussi à en séparer les domaines [1]. Comme ces causes ont agi plus ou moins à toutes les époques, on conçoit combien il est difficile d'établir avec certitude le synchronisme des terrains.

Analogie de caractères entre les terrains déposés dans une même région. — Si les dépôts d'une même époque présentent une variation notable suivant les régions, par contre les dépôts formés à diverses époques dans une même région offrent parfois une grande analogie dans leurs caractères minéralogiques. C'est ainsi que, dans le bassin parisien, toutes les assises, depuis le terrain jurassique jusqu'aux couches tertiaires, sont éminemment calcaires, tandis qu'en Belgique les sables sont très-développés à partir du terrain crétacé. Comme les soulèvements de montagnes n'ont en général accidenté que des zones étroites, il est possible que, pendant de longues durées, la répartition des terres et, par suite, la configuration des bassins aient peu changé dans une région : on conçoit alors que les dépôts, formés des éléments du bassin, soient restés à peu près constants. Par suite aussi, les faunes auront conservé une étroite parenté, tant que la répartition des terres et des mers, la nature minéralogique du dépôt, la direction des courants et la température des eaux auront elles-mêmes peu varié. Aussi n'est-il pas rare que des faunes successives sur un même point soient plus rapprochées entre elles que des faunes contemporaines appartenant à des régions éloignées. La faune tertiaire de l'Australie, par exemple, ressemble à sa faune actuelle et diffère beaucoup de nos faunes tertiaires. De même les faunes de deux terrains d'une constitution minéralogique semblable auront quelquefois plus d'analogies entre elles qu'avec celle d'un terrain interposé, mais différent.

La diversité des faunes est régie surtout par la profondeur et par la température des eaux : des types que l'on croyait éteints se

1. Le percement de l'isthme de Suez a eu pour effet, on le sait, d'amener des pluies dans une région qui en était dépourvue; mais il a permis, en outre, un certain échange de mollusques et de poissons entre la mer Rouge et la Méditerranée.

B. 6

retrouvent dans les grands fonds où ils ont continué à rencontrer les conditions nécessaires à leur existence. En se déplaçant ainsi, une faune a pu dès lors survivre à plusieurs terrains. D'autre part, les dépôts des périodes géologiques ne sont guère étudiés encore que sur le bord de leurs bassins. On doit donc reconnaître combien il serait téméraire d'accorder une confiance exclusive aux caractères paléontologiques, du moins s'il s'agit de terrains très-distants; car, dans un même bassin, tout concourt à prouver que des faunes identiques sont contemporaines. A vrai dire, la classification des terrains repose sur le triple caractère stratigraphique, minéralogique et paléontologique; aussi le résultat demeure-t-il toujours incertain si le contrôle mutuel de ces trois caractères ne peut être établi.

Enfin, nous croyons utile de faire observer en terminant cette étude que l'ouvrage, dont nous venons de donner une analyse, était presque complétement imprimé lorsqu'éclata la guerre de 1870, qui, suivie du second siége de Paris, en retarda beaucoup la publication. Dès l'année 1867, M. Delesse avait terminé plusieurs de ses cartes lithologiques du fond des mers; en particulier, celles de la France, des Iles-Britanniques et de l'Europe figuraient déjà à l'Exposition universelle de Paris. Dans ces dernières années, des recherches importantes ont été entreprises dans les mers profondes et elles sont dues surtout à des savants, ainsi qu'à des marins anglais ou américains. Nous ajouterons que M. Delesse vient d'envoyer à l'Exposition internationale de Géographie deux mappemondes, dont l'une donne le relief du fond des mers, tandis que l'autre en fait connaître la lithologie, du moins pour l'ensemble des régions sous-marines qui ont été explorées.

Paris. — Imp. Viéville et Capiomont, 6, rue des Poitevins.

www.ingramcontent.com/pod-product-compliance
Ingram Content Group UK Ltd.
Pitfield, Milton Keynes, MK11 3LW, UK
UKHW022116070726
13613UKWH00003B/1096

9 782019 970383